世界国防科技年度发展报告（2017）

精确制导武器领域科技发展报告
JING QUE ZHI DAO WU QI LING YU KE JI FA ZHAN BAO GAO

中国航天科工集团第三研究院三一〇所

国防工业出版社

·北京·

图书在版编目（CIP）数据

精确制导武器领域科技发展报告/中国航天科工集团第三研究院三一〇所编.—北京：国防工业出版社，2018.4

(世界国防科技年度发展报告.2017)

ISBN 978-7-118-11611-3

Ⅰ.①精… Ⅱ.①中… Ⅲ.①制导武器—科技发展—研究报告—世界—2017 Ⅳ.①TJ765.3

中国版本图书馆 CIP 数据核字（2018）第 100615 号

精确制导武器领域科技发展报告

编　　者	中国航天科工集团第三研究院三一〇所
责任编辑	汪淳　王鑫
出版发行	国防工业出版社
地　　址	北京市海淀区紫竹院南路23号　100048
印　　刷	北京龙世杰印刷有限公司
开　　本	710×1000　1/16
印　　张	12
字　　数	135千字
版 印 次	2018年4月第1版第1次印刷
定　　价	72.00元

《世界国防科技年度发展报告》(2017) 编委会

主　　任　刘林山

委　　员（按姓氏笔画排序）

卜爱民	王东根	尹丽波	卢新来
史文洁	吕　彬	朱德成	刘　建
刘秉瑞	杨　新	杨志军	李　晨
李天春	李邦清	李成刚	李向阳
李红军	李杏军	李晓东	李啸龙
肖　琳	肖　愚	吴亚林	吴振锋
何　涛	何文忠	谷满仓	宋朱刚
宋志国	张　龙	张英远	张建民
陈　余	陈　锐	陈永新	陈军文
陈信平	庞国荣	赵士禄	赵武文
赵相安	赵晓虎	胡仕友	胡明春
胡跃虎	原　普	柴小丽	高　原
景永奇	熊新平	潘启龙	戴全辉

《精确制导武器领域科技发展报告》
编 辑 部

主　　编　谷满仓
副 主 编　叶　蕾　蒋　琪　朱爱平

《精确制导武器领域科技发展报告》

审稿人员（按姓氏笔画排序）

任子西　刘永才　许玉明　杨宝奎
宋　闯　宋　斌　范茂军　徐　政
黄　燕　黄瑞松　戴江勇

撰稿人员（按姓氏笔画排序）

马菁汀　王　磊　王一哲　王友成
王玉清　王轶鹏　王勤智　文苏丽
叶　蕾　朱爱平　刘　佳　刘鸣霁
刘都群　刘尊龙　闫大庆　汤　华
杨慧君　李　茜　李　磊　李文杰
李含健　李若凡　李金兰　吴　洋
宋怡然　张　灿　张　茜　张　婵
张冬青　苑桂萍　周　栋　庞　娟
赵言伟　赵英海　胡　波　胡冬冬
柳　震　耿　强　徐丹丹　高　凡
郭宏达　葛悦涛

编写说明

当前,世界新一轮科技革命和军事革命加速推进,科技创新正成为重塑世界格局、创造人类未来的主导力量,以人工智能、大数据、云计算、网络信息、生物交叉,以及新材料、新能源等为代表的前沿科技迅猛发展,为军队战斗力带来巨大增值空间。因此,军事强国都高度重视战略前沿技术和基础科技的布局、投入和研发,以期通过发展先进科学技术来赢得未来军事斗争的战略主动权。为帮助对国防科技感兴趣的广大读者全面、深入了解世界国防科技发展的最新动向,我们秉承开放、协同、融合、共享的理念,组织国内科技信息研究机构的有关力量,围绕主要国家国防科技综合发展和重点领域发展态势开展密切跟踪和分析,并在此基础上共同编撰了《世界国防科技年度发展报告》(2017)。

《世界国防科技年度发展报告》(2017)由综合动向分析、重要专题分析和附录三部分构成。旨在通过持续跟踪研究世界国防科技各领域发展态势,深入分析国防科技发展重大热点问题,形成一批具有参考使用价值的研究成果,希冀能为实现创新超越提供有力的科技信息支撑,发挥"服务创新、支撑管理、引领发展"的积极作用。

由于编写时间仓促,且受信息来源、研究经验和编写能力所限,疏漏和不当之处在所难免,敬请广大读者批评指正。

军事科学院军事科学信息研究中心
2018 年 4 月

前　言

随着现代战争打击呈现出越来越强的非接触、精确化、信息化、体系化等特征，精确制导武器作为实现现代战场目标打击的主要装备，其相关技术与装备的发展受到世界各国高度重视，正以前所未有的速度蓬勃发展。一体化设计、动力系统、制导控制、导航通信与数据链、战斗部、先进制造与材料等专业技术的进一步突破，使得一大批更快、更远、更准、更智能的精确制导武器争相亮相。而量子技术、太赫兹、超材料、微系统、智能制造等前沿技术的突破和应用，将在更大范围、更深层次影响着精确制导武器的发展和未来作战模式。

为了解和辨析国外精确制导武器技术的发展方向与趋势、重大进展与突破，我们组织西安航天信息研究所、中国航发涡轮研究所、中国航天科工集团第三研究院三部、中国航天科工集团第三研究院三〇一所、中国航天科工集团第三研究院三十五所、中国航天科工集团第三研究院三十一所、中国航天科工集团第三研究院三一〇所等单位的专家，对2017年精确制导武器技术及其专业领域发展进行分析研究，供有关部门和科研生产一线的领导和同志们参考。感谢对本书的编写、出版给予支持的专家、作者和编辑出版人员。

由于编写时间仓促，且受信息来源、研究经验和编写能力所限，疏漏和不当之处在所难免，敬请广大读者批评指正。

编者

2018年3月

目　录

综合动向分析

2017 年精确制导武器领域科技发展综述 ································ 3
2017 年精确制导武器动力技术发展综述 ································ 13
2017 年精确制导武器探测制导前沿技术发展综述 ···················· 20
2017 年精确制导武器战斗部和引信技术发展综述 ···················· 31
2017 年高性能片上射频系统发展综述 ·································· 41
2017 年高超声速飞行器技术发展综述 ·································· 48

重要专题分析

美国陆军发布未来 30 年导弹科技发展战略 ··························· 61
穿透型制空概念对美国空军导弹武器装备发展的影响分析 ·········· 72
从 DARPA 研究项目看精确打击武器及其技术发展 ·················· 77
协同作战武器系统发展分析 ··· 82
美国陆军导弹群同步交战技术发展研究 ································ 97
高马赫数涡轮发动机发展综述 ·· 101
TBCC 发动机技术进展研究 ··· 109
美国全源定位导航系统发展情况研究 ·································· 116

美国陆军视觉辅助导航技术发展分析 ·················· 123

美国新型深海导航定位技术发展分析 ·················· 127

基于卫星的弹载被动雷达目标定位技术发展分析 ············ 133

天线隐身技术发展综述 ·························· 138

微波光子雷达技术及未来应用发展 ··················· 148

武器装备中人工智能嵌入式平台的发展和应用 ············· 156

附录

2017 年精确制导武器领域科技发展大事记 ·············· 169

综合动向分析

ZONG HE
DONG XIANG FEN XI

2017 年精确制导武器领域科技发展综述

2017年,世界主要国家围绕精确制导武器一体化设计、动力、制导与控制、导航通信与数据链、引战等方面,持续开展技术攻关与研究,将使得精确制导武器性能获得显著提升,战场适应性和多目标打击能力大幅提高,使用模式更加灵活。

一、优化总体方案和技术,全面提升武器性能

近年来,以美国为代表的主要军事强国积极发展新一代精确制导武器,并利用新的技术提升现役装备性能水平。2017年,美国提出了先进反辐射导弹增程型、"灰狼"低成本远程亚声速巡航导弹、下一代空空导弹等新型导弹概念和方案,并加快发展"战术战斧"反舰型导弹,利用新型弹翼提升"增程型联合防区外空地导弹"射程,拟发展布撒器型"联合防区外空地导弹",这些将大幅提升精确制导武器技术性能、拓展作战使用方式。

(一)网络化协同作战技术成重要发展方向

2017年3月,美国空军研究实验室(AFRL)正式发布"灰狼"导弹招

标公告，该导弹是一种低成本亚声速空地导弹原型，主要用于网络化协同作战打击敌方一体化防空系统，可配合现有武器系统协同作战，提升整体作战效能。该项目将进行多个导弹原型的螺旋式研制，包括导弹原型与各种载荷能力的设计、研发、制造以及组装和试验，同时对支持低成本生产和任务效能目标实现的关键使能技术进行鉴定、研究和转化。

（二）提升现役武器射程和多任务能力，提高作战使用灵活性

2017年轨道ATK公司采用了多种措施完善"先进反辐射导弹增程型"（AARGM－ER）设计概念，旨在提高导弹射程、机动性能和突防能力，满足复杂、新型、紧迫威胁的作战需求，主要改进包括：引入尾翼控制系统；移除"先进反辐射导弹"（AARGM）弹体中部的弹翼，在弹体侧面增加了边条以提供升力；重新设计弹体中部控制舱段，并且弹体从制导舱段尾部变为锥形使弹体直径增加了约10%。洛克希德·马丁公司获得合同为"联合防区外空地导弹增程型"（JASSM－ER）设计一种新型弹翼，使导弹射程（在原有885千米基础上）大大增加，进一步提高了载机平台在"反介入/区域拒止"环境中的生存能力。4月，洛克希德·马丁公司透露考虑将"联合防区外空地导弹"（JASSM）发展成小型弹药或小型无人机的投送系统，在完成有效载荷（子弹药或小型无人机）布撒后，导弹还可以继续执行其他任务或返回基地实现回收。洛克希德·马丁公司已进行JASSM投放单个子弹药的高速火箭橇试验。布撒器型改型将可采用多种新型作战使用模式，提升使用灵活性和战场适应性。

美国空军正在研发名为"小型先进能力导弹"（SACM）的小型、轻重量、低成本空空导弹，其具有超敏捷、射程大、挂载密度高特点，可提高战机火力强度和作战灵活性。该导弹采用基于高密度推进剂的固体火箭发动机，综合气动、高度控制以及推力矢量的协同控制，具有大离轴角发射能力,可对后半球进行攻击。

二、继续优化常规动力技术,高超声动力技术日趋成熟

随着现代战争向海、陆、空、天、潜全方位发展,对精确制导武器动力装置的性能提出了更高要求。主要军事强国正在继续优化涡喷/涡扇发动机,提高动力性能;在积极推进高超声速动力技术发展的同时,也在研究和发展固体火箭发动机和超声速冲压发动机技术;而印度等国也积极发展和突破涡扇发动机技术。

(一)美国全面发展各种精确制导武器动力技术

(1)研发用于战术导弹的固体燃料冲压发动机。3月,美国海军空战中心武器部(NAWCWD)透露正在开发和试验一种固体燃料冲压发动机,以满足未来打击武器的需求。空战中心武器部期望利用商业货架组件,快速获得一种低成本固体燃料冲压发动机,以提高未来打击武器射程、缩短飞行时间。

(2)继续测试优化现役涡喷发动机。6月,雷声公司获得增程型联合防区外武器测试合同,继续进行加装涡喷发动机增程导弹的测试。配装TJ150涡喷发动机(汉密尔顿·桑特兰德公司)的增程型联合防区外武器最大射程达555千米,主要升级内容包括增加发动机/燃料/进气系统的硬件改进及软件改进,以优化动力型联合防区外武器的中程和末段性能。

(3)基于火箭动力的高超声速助推滑翔方案成功完成试验验证。继美国海军战略系统项目(SSP)办公室招标采办"技术验证助推器"(TB)用两级"固体火箭发动机"(SRM)后,10月30日常规快速打击项目(潜射型高超声速助推滑翔)导弹的首次飞行试验在夏威夷考艾岛太平洋导弹试

验场成功完成,全程飞行超过 3660 千米,试验收集了大气层内远程飞行过程中高超声速助推滑翔飞行器技术性能数据。

(4) 利用先进制造技术提高动力系统性能。11 月,轨道 ATK 公司对 3D 打印战术级火箭发动机喷管进行首次集成验证。该发动机采用了高强度石墨环氧树脂复合壳体、不敏感火箭推进剂以及 3D 打印组件,此次测试成功验证了助推发动机和组件在 -32~62℃ 环境温度下的性能。

(二) 俄罗斯推进新型战略导弹动力技术发展,提升导弹发动机生产效率

2017 年 7 月初,俄罗斯制定完成新版《国家武器装备计划》,年底审批通过,将着重构建核威慑力和空天防御能力,同时兼顾研发高精度武器和前沿技术投入。

(1) 俄罗斯新型液体发动机和固体火箭发动机技术,将大幅提高战略导弹运载能力和射程。俄罗斯国防部在 2017 年底成功进行了"萨尔玛特"洲际弹道导弹首次发射试验。导弹采用两级液体发动机:第一级由格卢什科能源机械科研生产联合体负责研制,预计采用改进的 15D285 发动机(代号 RD-274,是 SS-18 导弹的第一级发动机),该型发动机由 4 台 15D286 单燃烧室液体发动机构成,为降低总体质量,可能改用 2 台 15D286 发动机(代号 RD-273)作为新型导弹的第一级,总推力达 234.4 吨;第二级采用改进的液体火箭发动机,由化学工业自动装置设计局研制。2017 年中,俄罗斯透露正在研制布拉瓦潜射战略导弹的改进型,未来导弹威力将更强,有效载荷将比当前的 1.2 吨增加 1 倍多,射程由当前的 8000 千米增加至 12000 千米,目前尚未开展飞行试验。

(2) 俄罗斯组建增材制造技术中心,提升导弹发动机生产效率。2017 年 4 月,俄罗斯开始筹建以创新解决方案和发明为基础的高技术企业,在土星科研生产联合体的基础上,正在组建增材制造技术中心。增材制造技中心的任务是研究用叠层法制造燃气涡轮发动机零件、模型和组件，这将使制造发动机的成本成倍降低，速度大幅提高。土星科研生产联合体早就开始生产用于空基或海基巡航导弹的小型燃气涡轮巡航发动机，新的改型正在测试中。土星科研生产联合体或将制造和测试用于"锆石"高超声速导弹和其他武器的零件和机组。

（三）印度弹用发动机技术成功获得验证

11月7日，印度国产"无畏"巡航导弹第5次试射获得成功。试验中，导弹按程序发射，并成功完成助推器助推、发动机启动、弹翼展开等过程，还对自主航路点导航等性能进行了演示。试验中导弹飞行了50分钟、647千米。这次试验重要的一项改进在发动机上，之前的4次试射使用的都是俄罗斯土星设计局的36MT发动机，这次使用了国产曼尼克发动机。这次试验的成功验证了印度国产巡航导弹弹用发动机性能，同时验证了导弹系统的性能，使得原来面临诸多质疑的"无畏"导弹发展项目得以继续推进。

三、重视自主导航技术发展与升级，加大视觉导航和全源导航等新技术发展力度

美国首颗GPS Ⅲ卫星已完成最终测试并将于2018年发射，同时各国的卫星导航系统都在不断地升级，惯性导航及其他多种导航器件也在更新升级，并也在开发基于创新型方案的导航技术。

（一）卫星导航技术持续发展

鉴于卫星导航系统在精确制导武器中的广泛应用，世界主要国家都在积极改进或发展自主的卫星导航系统，新型卫星导航技术将允许精确制导武器以低成本方式、大幅提高导航定位精度。美国GPS Ⅲ卫星已研发多年，

将于 2018 年 5 月进行首颗卫星发射，预计制造 32 枚。其具有：①有更高的发射功率和新的抗干扰措施，且它可以依据需要，迅速关闭特定地理位置的导航信号发送；②增加数据上行功能，用户可以短信和短数据包的形式发送信息；③采用高精度信号发送组件，定位精准度从目前的 3 米提升至 1 米；④兼容欧洲的"伽利略"卫星定位系统及其他系统进行定位。2017 年，美国哈里斯（Harris）公司已向美国空军 GPS Ⅲ 卫星交付了第三个先进导航载荷。GPS Ⅲ 卫星提高了卫星的精度、信号功率和抗干扰能力，配备有连接原子钟、抗辐射计算机和强力发射机的任务数据单元（MDU）。其发射的信号比现有的 GPS 卫星精确 3 倍，且抗干扰能力比现有的 GPS 卫星强 8 倍。诺斯罗普·格鲁曼公司获得下一代导航系统执行与技术成熟度和降低风险合同，将为现代化嵌入式全球定位系统/惯性导航系统（EGI－M）技术提供初步硬件和软件架构设计。EGI－M 将使用模块化开放系统架构构建，以便能够快速插入新功能并增强适应性。此外，以色列宇航工业公司和霍尼韦尔公司将联合开发 GPS 抗干扰导航系统，设计、制造和销售一套将现有定向天线阵列（ADA）GPS 抗干扰系统和嵌入式 GPS 惯性导航系统相结合的 GPS 抗干扰导航系统，ADA 系统将作为子系统或嵌入模块集成到导航系统中。

欧洲第 15、16 颗"伽利略"导航卫星加入导航网，开始在全球范围内传播授时和导航信号，同时接收呼救信号。新增的导航卫星将提升"伽利略"卫星导航系统的服务能力和精度。印度计划 2018 年全面推广本土卫星定位导航系统，利用本国导航系统提供 GPS 服务，获得比使用外国产品更精确的定位导航服务。其用户接收机工作于双频段（S 波段和 L 波段）、采用 11 信道芯片集（7 颗印度导航卫星和 4 颗 GPS 卫星），标准的定位精度将优于 5 米。

(二) 大力发展视觉导航和全源导航等新型导航技术

受 GPS 固有缺陷影响,美军积极开展 GPS 拒止环境下导航技术的研究,包括微型定位导航授时(Micro – PNT)、自适应导航系统(ANS)、全源定位与导航(ASPN)等项目,部分已取得阶段性成果,此外不断寻求视觉导航等新的导航方式。

为突破 GPS 局限性,DARPA 正在探索创新技术和方法,以开发新一代可靠的、高精度的导航定位系统,如正在开展的 ANS 项目,2017 财年进行了子系统及最终演示。该项目主要是开发可适应多种平台的即插即用定位导航授时(PNT)传感器结构与算法,从而降低开发成本,将部署周期从数月缩短到数天。ANS 项目主要通过冷原子干涉陀螺仪实现惯性测量,利用量子属性制造准确的惯性测量装置,无需外部数据就可以长时间确定时间和位置。此外,ANS 项目还寻求利用非导航电磁信号(包括商用卫星、光波和电视信号甚至闪电)为 PNT 系统提供额外的参考信息。

而 2017 年美国陆军通信电子研究开发与工程中心(CERDEC)定位导航授时分部正在研发一种 GPS 拒止环境下的新型导航方式——视觉辅助导航(VAN)系统,主要目标是将视觉辅助导航系统及组件作为 GPS 拒止或降级的军队作战环境下的导航备份方案。另外,2017 年德雷珀(Draper)实验室和麻省理工学院联合开发了先进的视觉辅助导航技术——"结合惯性状态的平顺和测绘评估"(SAMWISE)系统,该技术可以不依赖外部设备,如 GPS、环境的详细地图或运动捕捉系统。SAMWISE 由惯性导航和视觉辅助系统组成,结合了两种导航定位方法的优势,相比于单独使用每种方法在时间维度上误差积累更慢,实现所有飞行轨迹的位置、姿态和速度测量。该系统可使无人机进行六自由度飞行,在不使用 GPS 或者任何通信设备时达到 20 米/秒的自主飞行速度。

ASPN 作为一种全新组合导航系统，采用开放式即插即用架构，能够根据任务、环境及平台资源情况，通过自主融合光学、射频、地磁、重力及机会信号等所有可用传感信息实现精准定位导航。2017 年 5 月，美国空军研究实验室宣布全源定位导航系统战斗机平台功能验证试验获得成功，在无 GPS 信号环境下，利用光学图像、地磁、高度信息修正惯导误差，实现了与 GPS 精度相当的定位导航，验证了系统在空中高速平台上的可靠性和适用性。系统完成了在海陆空高低速平台和单兵装备上的功能验证，标志着世界首个多平台通用、可综合利用多种信息的高精度导航系统——全源定位导航，即将进入实用阶段。

四、移动目标打击制导技术成发展重点，利用外部数据和信息提高制导精度备受重视

制导与控制技术是导弹实现目标精确打击的核心技术，也是世界各国研究和发展的重点。2017 年，美国在传统"战术战斧"导弹基础上积极发展移动目标打击技术，并重视运用外部信息网络数据提升导弹的网络化作战能力；而其他国家也在积极发展先进的射频、光学、复合导引头技术，并运用新的软件，以提升导弹捕获识别的能力。

（1）增加射频制导，提高移动目标打击能力。4 月，康士伯格（Kongsberg）公司与澳大利亚国防部签订联合攻击导弹（JSM）集成射频导引头合同，在原有先进被动导引头基础上增加主动射频导引头。英国航空航天（BAE）系统公司澳大利亚分部将为联合攻击导弹研发先进射频导引头，使联合攻击导弹能够基于目标的电子特征锁定目标，这将使导弹在当前复杂的作战场景中打击能力得到进一步增强。9 月，美国海军授予雷声公司"战

术战斧"导弹集成新型多模导引头合同,这项改进将使该武器具有打击海上移动目标的能力。

(2)利用外部数据引导攻击,发挥信息网络体系能力。1月,"战术战斧"导弹在试验中利用外部数据支持首次成功击中海上移动目标,验证打击海上移动目标的能力。试验中一架监视飞机为导弹指示了新目标——1艘模拟的货运船,飞机将数据传到控制中心,随后控制中心将新的目标指令发送给导弹。导弹迅速转向新目标,并直接击穿了船甲板上的集装箱。试验验证了通过远程通信为导弹提供移动目标位置数据的可行性,使得网络化武器——"战术战斧"具备打击固定、可重定位目标和移动目标的能力。在8月22日的关岛训练演习中,美国海军近海战斗舰根据MQ-8B"火力侦察兵"无人机提供的目指信息,发射RGM-84D Block 1C导弹成功击中了超视距目标,这是美国海军首次使用无人机为舰射导弹提供超视距目标信息和毁伤评估。

五、先进引战技术助力多用途导弹发展,无人与蜂群等作战样式催生微型智能战斗部技术

2017年主要继续发展多用途战斗部,发展可自主寻的的智能化子弹药战斗部。

(1)先进战斗部和引信支持导弹多用途发展。2017年2月,美国海军自研的"长钉"微型导弹配装美国陆军提供的近炸引信,完成了击落无人机的演示实验。采用该引信的"销钉"导弹可以通过触发或近炸两种模式作用于目标。2017年5月,德国勒斯·戴姆勒宇航工业公司(TDW)公布其"矛"式(SPEAR)导弹战斗部方案已在竞争性评估阶段胜出,该战斗

部具备破片杀伤、侵彻和聚能穿甲三种毁伤模态，可针对开阔地人员、轻型车辆与装备、配备爆破反应装甲的主战坦克、建筑物等多种类目标。

（2）发展可投放智能化子弹药智能战斗部。2017年1月，美国陆军发布小企业创新研究项目"导弹投放的集束无人飞行系统智能弹药"，研发一种投放多架四旋翼飞行器的智能战斗部，可应用于陆军战术弹道导弹系统（ATACMS）或制导多管火箭炮系统（GMLRS）。在使用该项目战斗部的导弹中，多架四旋翼飞行器折叠存放于导弹战斗部舱段。导弹在目标区域投放四旋翼子弹药，四旋翼子弹药被投放后降至适宜速度并展开机身，每个子弹药分别捕获目标后自动飞向目标并降落在目标表面，最终引爆携带的爆破成型装药（EFP）反装甲战斗部完成打击。该武器打击目标包括坦克、大口径火炮炮管、车顶、燃料桶、弹药储存地点等。

（中国航天科工集团第三研究院三一〇所　朱爱平）

2017 年精确制导武器动力技术发展综述

2017 年，世界主要国家为推进下一代精确制导武器与技术的研发，加快推进精确制导武器动力系统的发展，围绕远射程、防区外作战能力、突防能力、适应多种作战任务和成本控制等的需求，全面开展精确制导武器动力技术攻关与研发。

一、采用涡扇发动机以大幅度降低远程亚声速反舰导弹成本，提高饱和攻击突防作战效费比

随着世界主要强国的体系作战概念不断强化和武器装备技术水平整体提高，导弹携载平台面临越来越严重的生存压力，保护作战平台最直接的解决方案就是提高导弹射程。

美军授出"远程反舰导弹"（LRASM）的生产合同，新导弹服役后将提高美军远程反水面作战能力。采用冲压发动机的高空超声速与采用涡扇发动机的低空亚声速并举的 LRASM 的研制计划于 2009 年启动。由于美国在超声速反舰导弹动力方面自身研发能力不足，2012 年 1 月采用冲压发动

机的高空超声速导弹项目被终止，集中发展以配装 F107－WR－105 涡扇发动机的"联合防区外空地导弹增程型"（JASSM－ER）为基础的亚声速隐身方案，以降低风险，加快舰队形成先进战斗力。JASSM－ER 导弹已经实现了与 B－1B 轰炸机的整合，目前美国空军共计划采购 2846 枚。2017 年 7 月 25 日，美军授出了 LRASM 首份生产合同，第一批次 23 枚 LRASM 导弹将于 2019 年 9 月 29 日交付美军。当前计划采购的 135 枚 LRASM 导弹可能是用于平台集成和作战演练，如果 JASSM－ER 导弹可以通过升级转变为 LRASM 导弹，美国空军就能够以较低成本迅速获得大量先进反舰导弹，形成强大的远程反水面作战能力。

而针对反舰导弹面临的超声速突防和亚声速隐身的权衡问题，改善反舰导弹突防能力的一种有效方案即采用亚声速巡航＋超声速突防的方案。2017 年，俄罗斯在打击叙利亚境内"伊拉克和黎凡特伊斯兰国"恐怖组织目标时多次使用了"口径"巡航导弹。其反舰型导弹采用亚声速—超声速结合的弹道，亚声速巡航段采用涡喷发动机，临近目标时抛掉亚声速巡航段弹体，启动固体火箭发动机，以马赫数 3 进行超声速突防，较完美地实现了亚声速与超声速的结合，至今仍是世界上最先进、最具威力的反舰导弹。20 世纪 80 年代，美国就提出了亚超结合的"超声速巡航导弹"（SCM）方案，在动力方面，有两种备选方案，包括涡扇发动机和固体火箭组合的方案、具有亚声速巡航和超声速突防的涡扇发动机方案。2005 年，美国洛克希德·马丁公司提出了为巡航导弹加装一种小型加速火箭的方案，研制携带火箭助推侵彻战斗部远程巡航导弹，使其在接近目标区域时加速到超声速，以增加突防能力和打击时间敏感目标能力。

二、变流量高能整体式固体火箭冲压发动机技术在轻型空射导弹中不断得以应用

轻型空射导弹的共同特点是平台载弹量大，适应多种作战环境，可打击地面或水面的多种目标，可执行格斗或拦截多种任务。由于整体式固体火箭冲压发动机的推力系数比液体冲压发动机约提高 1/3、比冲接近液体冲压发动机、质量比与液体冲压发动机相当，所以其加速性、机动性方面优势明显，且可满足较远射程的需求。在空空/空面双任务导弹、中远程拦截/近程格斗双射程导弹、轻型高速多用途导弹、远程精确火箭弹、无人机装载轻型导弹等轻型空射导弹方面显现出很大的应用前景。

从国外在研的导弹动力装置的发展看，为有效地提高导弹的生存能力、突防能力和有效杀伤区域，固体火箭冲压发动机多采用高能含硼富燃料推进剂和流量可调方案。

2017 年英国国防部与欧洲导弹集团（MBDA）签署了为其 F–35 战斗机整合"流星"（Meteor）超视距空空导弹的合同，计划 2020 年装备其舰队。欧洲研制的"流星"超视距空空导弹采用了德国拜恩公司研制的变流量固体火箭冲压发动机，发动机由带有无喷管整体助推器的双用途燃烧室、装填高能含硼贫氧推进剂的燃气发生器、燃气流量控制系统和进气道等主要部分组成。

目前，日本与英国联合研制新型超视距空空导弹（JNAMM），将日本的导引头集成到欧洲导弹集团公司的"流星"超视距空空导弹上，2017 年完成了研发阶段工作，计划 2018 年进入原型制造阶段，2023 年进行实弹发射阶段。此外，日本在空空导弹应用方面与美国合作开展了整体式固体火箭

冲压发动机开发，2009年日本进行了弹径203毫米、双下侧进气的整体式固体火箭冲压发动机地面试验和飞行试验。

2017年，日本试射了XASM-3超声速反舰导弹。目前已完成全部试验，进入量产阶段，预计从2018年装备于航空自卫队的F-2（A）飞机，未来还将基于这个型号开发岸舰导弹。该导弹采用了整体式固体火箭冲压发动机，其飞行马赫数可达到3，射程超过150千米，具备掠海超低空飞行能力。

美国虽然在2005年就成功地进行了"超声速掠海靶弹"的飞行试验，但因其采用能量较低的碳氢富燃料推进剂，以及非整体式助推器（串联），暂未在超声速导弹上应用。

三、固体火箭技术应用广泛，创新技术不断取得突破

2017年，国外主要国家继续推动固体火箭推进技术发展与行业应用，在可控固体火箭发动机、纳米含能材料制备技术等前沿技术方面取得了重要进展，将深刻影响世界各国的精确制导武器部署。

2017年，美国"21世纪火箭推进"（RP21）计划正式启动，这是美国国防部/美国航空航天局/工业界合作开展的一项研究计划，是"综合高性能火箭推进技术"（IHPRPT）计划的后续基础技术计划，目的是在2027年之前开发出革命性和创新性的火箭推进技术。RP21计划涵盖了助推及轨道转移推进、航天器推进和战术推进三个领域。2017年10月，美国陆军发布了面向未来30年的导弹技术发展战略。在该战略中推进技术将重点发展以下几个方面：最小信号特征推进剂；不影响性能的情况下兼顾最大化钝感弹药；低成本部件；先进材料技术；用于增程和机动的先进固体和/或吸气

式推进技术；复杂超声速/高超声速气动和气动热环境下的建模与仿真技术；可用于超声速/超高速环境的先进结构和防护材料等。

固体火箭动力技术仍是现役和新研战术精确打击武器主要动力技术。目前，中近程空空导弹、中近程空地与反辐射导弹、防空导弹等仍普遍采用固体火箭动力技术。轨道 ATK 公司正在通过采用低敏感推进剂、低成本黏结堵盖复合材料壳体等措施，对"海尔法"导弹发动机进行改进，以满足钝感弹药要求。2017 年 9 月，采用了新一代单级固体火箭发动机的英国"通用模块化防空导弹"（CAMM）成功完成首次发射试验。此外，美国轨道 ATK 公司正在开展新一代反辐射导弹——"增程型先进反辐射导弹"（AARGM-ER）研究，目前设计方案仍是采用固体火箭发动机。

固体火箭动力领域前沿技术取得新进展。①2017 年 12 月，航空喷气发动机·洛克达因公司（Aerojet Rocketdyne）成功完成可控固体火箭发动机的热点火试验。此次热点火试验成功验证了这种先进、可控的固体火箭发动机性能，采用这种技术将会提高未来后助推推进系统的任务灵活性和性能水平。航空喷气发动机·洛克达因公司的这种可控固体火箭发动机属于电控固体推进剂新概念。电控固体推进剂技术是固体推进剂领域的重大技术革新，其独特的电压控制燃烧状态的特性，颠覆了传统固体推进剂发动机的工作模式。②纳米含能材料研究取得工程化应用重大突破，具有未来重大应用价值的金属氢合成取得初步成果。美国螺旋（Helicon）化学公司和基石研究团队（CRG）分别在采用聚合物无机纳米粒子原位合成自下而上地制成纳米复合材料方面取得了一定的突破。原位纳米复合材料的制造取代了传统纳米复合材料的合成和混合步骤。由于纳米粒子已经分散在聚合物中，所以消除了将纳米粒子加入聚合物黏合剂中的重大问题。③2017 年 1 月，哈佛大学宣布成功制取金属氢。氢原子在高压状态下呈现金属电性结合的金属氢物质作为高能含能物，无论在高能炸药、火箭燃料、高温超导体领域都有广阔的应用前景。尤其是金属氢的高能密度对航天工业意义重大，理论上以金属氢作为燃料的火箭发动机比冲可以高达1700秒，远超目前的先进水平450秒。④2017年，美国普渡大学开发了一种由氧化剂、铝—锂（Al–Li）合金（Li与Al的质量比约14%~34%）和黏结剂组成的固体火箭推进剂配方，以及相关制备方法和减少氯化氢产生的方法。该方法为研究能够显著减少氯化氢形成的高性能固体火箭推进剂提供了参考。

四、能量管理技术提升助推—分滑翔跳跃弹道的高超声速导弹的性能

进入21世纪以来，固体变推力发动机、固体双脉冲（多脉冲）发动机等典型固体能量管理发动机技术取得了不断突破，目前已进入飞行验证和工程应用阶段。美国、法国、日本等国家已经在多种战术战略武器系统中采用。

继2017年10月，美国海军成功地进行了首次"常规快速打击导弹"（搭载无动力高超声速滑翔器）飞行试验后，日本在2017年提出了高速助推滑翔项目，在助推滑翔导弹弹体设计技术、气动力与直接力复合的滑翔飞行控制技术的基础上，采用高性能火箭发动机或冲压、超燃冲压发动机，实现超声速、高超声速飞行。

与无动力滑翔跳跃方案相比，采用变推力、多脉冲固体火箭发动机的分段滑翔跳跃飞行方案可使高超声速滑翔器射程明显增大，且轨迹形式变化也有利于突防。固体火箭发动机相对于液体发动机具有良好的保障性和安全性，易于实现模块化和通用化，可提升助推—分滑翔跳跃弹道的高超

声速导弹的性能。

五、结束语

在精确制导武器 70 多年的发展历程中，动力系统也历经了数次变革，对新动力系统的研制也从未停止，包括超燃冲压发动机、涡轮冲压发动机、脉冲爆震发动机在内的新型动力系统也逐渐从概念研究开始步入工程研究阶段。动力系统的应用不仅取决于技术水平，更多地受到武器装备发展的思想（军事需求的演变、作战理论的进步、先进技术的发展/技术选择）及其影响因素（威胁因素、战略因素、技术因素、费用因素等）的制约。未来精确制导武器动力系统的发展出现了包括传统动力系统和新型动力系统齐头并进、共同发展的局面。这种多元化的发展历程也将推动精确制导武器技术的不断进步。

（中国航天科工集团第三研究院三十一所　刘鸣雳　王玉清　王勤智）

（西安航天信息研究所　徐丹丹　闫大庆　胡波）

2017 年精确制导武器探测制导前沿技术发展综述

2017 年，量子信息、人工智能等新技术引发的产业变革正在加速推进，量子探测、微波光子雷达、人工智能处理等新的探测体制与手段及协同探测体系已成为探测制导前沿发展的重点。

一、量子雷达基础研究不断推进，为探测制导应用开辟了新的发展空间

近年来量子技术飞速发展，量子技术与雷达探测技术相结合衍生了多种体制的量子雷达系统，如量子关联成像、基于光子计数的单光子量子雷达等，突破了传统雷达在探测、测量和成像等方面的技术限制，提升了雷达的综合性能，为雷达探测制导技术的发展开辟了新的发展空间。

作为美国国防科技创新研究的重要机构，美国国防高级研究计划局（DARPA）持续资助量子雷达相关项目，主要包括以下三个方向：一是量子

强度关联激光雷达,研究重点是高效率地发射满足一定关联特性的赝热光场,以及在信号处理部分的高速解算,研究单位主要包括美国陆军实验室、美国马里兰大学等;二是单光子量子雷达,研究重点是发射单个光子,并通过单个光子被目标反射时引起的特殊效应进行探测,研究单位主要包括路易斯安那州立大学等;三是接收端增强量子雷达,研究重点是利用量子态光场,在接收端进行噪声抑制以及信号放大,以提升系统性能,研究单位主要包括麻省理工学院林肯实验室等机构。

鉴于工作在光波段的量子照射雷达虽然具有波长短、空间分辨率高的优点,并可以获得丰富、更精确的目标信息,但无法像微波雷达一般穿透云雾烟霾等,作用距离受很大的限制。因此,美国麻省理工学院提出微波照射—光学处理的量子远程探测方案,将微波作为信号场发射出去对目标进行探测,光波作为闲置场保留在雷达中,采用另一台电光转换器接收微波回波信号并且转换为光场,与接收机中光场进行量子联合测量,实现目标的检测,如图1所示。

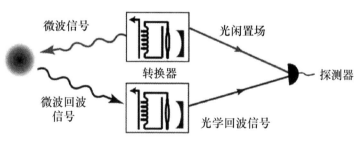

图 1 量子照射雷达方案的量子照射雷达

量子微波照射雷达的核心器件为电光转换器。2016 年,加州大学圣芭芭拉分校研制了一种片上微波—光子转换器,可以实现波长为 1550 纳米的光波,到频率为 4.2~10.8 吉赫范围内微波的转换(图 2)。

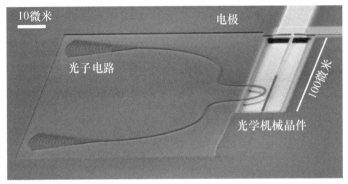

图 2　扫描电镜下的电光转换器

整个量子探测系统也在向小型化、集成化方向快速发展，2017 年 6 月，莫斯科国立师范大学发布一项成果，研制出了工作在 1064 纳米波长的片上"量子极限"激光相干探测系统，如图 3 所示，探测灵敏度达到单光子量级，探测效率大于 86%，同时光谱分辨率 $f/\Delta f > 1011$。

图 3　片上量子极限激光相干探测系统原理图及器件结构图

随着量子探测系统性能的不断提升，以及量子光源、调制器和整个量子探测系统的小型化，其在探测制导领域的应用将不断拓宽、逐渐加速。量子雷达探测技术在灵敏度、分辨率等方面均高于传统探测手段，未来可应用于制导武器系统的远程精确目标探测，将在隐身目标探测、增大目标探测作用距离等方面发挥特殊优势，大大提高制导武器的探测精度和识别概率,在军事领域具有广阔的应用前景。

二、微波光子技术验证步伐加快,促进雷达系统向超宽带、小型化、多功能化方向发展

微波光子技术是雷达领域的一项潜在颠覆性技术,是新一代多功能、软件化雷达的重要技术支撑。近年来,微波光子逐渐从模拟光传输功能拓展至微波光子滤波、变频、光子波束形成等多种信号处理功能。随着微波光子器件技术的成熟,特别是集成技术的提高,微波光子器件开始逐步应用于雷达和电子战领域。

美国重点发展微波光子器件及其集成技术,DARPA 微系统办公室计划在三个财年总计投入 1 亿美元左右,提出了一系列光子辅助雷达技术的相关研究课题,包括"可重构的微波光子信号处理器"(PHASER)、"大瞬时带宽 AD 变换中的光子带宽压缩技术"(PHOBIAC)、"高线性光子射频前端技术"(PHOR-FRONT)、"超宽带多功能光子收发组件"(ULTRA-T/R)、"光任意波形产生"(OAWG)等,这些项目涵盖的光子辅助雷达的跨波段雷达信号产生、处理等各个处理单元的关键技术。目前,各个项目已取得一系列成果,并开始向微波光子集成芯片方向发展。美国 Infinera 公司已率先实现了 10×10 吉比特/秒大规模光子集成芯片的商业化产品,在毫米量级尺寸的芯片上支持多种光载微波信号处理。

欧洲重点开展微波光子雷达系统总体技术研究,2014 年 3 月,《自然》(Nature)杂志报道了意大利全光子数字雷达(PHODIR)样机项目的成果,如图 4、图 5 所示,在 40 吉赫波段实现了基于光子辅助的雷达信号的发射与接收,以及带宽 200 兆赫、有效位数(ENOB)达 7 位的雷达信号处理。

2016年欧洲防务局设立"多功能光学可重构扩展设备"(MORSE)项目,旨在开发一种具备波束形成功能、同时多种射频功能和阵元动态可重构能力的天线架构;开发或巩固光学域使能技术,搭建样机进行概念试验验证。

图4 光子辅助的雷达系统

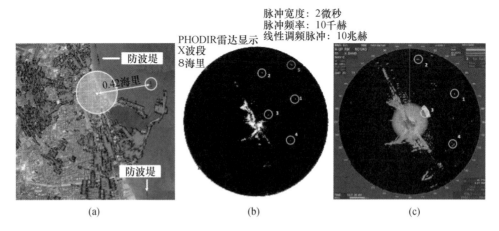

图5 光子辅助的雷达探测效果

俄罗斯推动射频光子相控阵雷达在未来新型战机中的应用，2014年，俄罗斯高级研究基金会联合无线电电子技术公司（KRET）发起了"射频光子相控阵"（ROFAR）项目，旨在开发基于光子技术的通用技术和元器件，制造射频光子相控阵样机，并用于下一代雷达和电子战系统。2017年7月，研制出世界首部机载"微波光子相控阵雷达"收发试验样机。该样机采用微波光子技术，大幅拓展雷达带宽，提高工作效率，并降低了体积重量。未来，射频光子相控阵有望用于俄罗斯智能蒙皮计划中。

微波光子技术在雷达领域的应用呈现快速扩展的趋势，多个技术验证平台已经研制成功，推动了新体制雷达的发展。随着关键技术的突破，微波光子技术将广泛应用于弹载雷达领域，进一步拓展弹载雷达工作频段，提升导弹在复杂电磁环境下的抗干扰能力，同时，促进导弹武器向小型化、智能化、多功能化方向发展，适应未来复杂战场下作战任务多样化的需求。

三、人工智能技术成为战略制高点，推动导弹武器系统的智能化发展

2016年以来，美国政府先后发布《国家人工智能研究与发展策略》《人工智能研究开发战略规则》《人工智能与国家安全》等文件，以确保美国在人工智能发展中的领导地位。美国国防部将人工智能置于维持其全球军事大国主导地位的战略核心，特别是美国近年提出"第三次抵消战略"，核心是大力发展自主学习机器、人机协作、人类作战行动辅助系统等先进技术和力量等，以维护美国常规威慑能力。其中，人工智能被视作此次战略中的非常重要的科技制高点。

为应对未来挑战，2017年8月，DAPRA宣布设立新项目"射频机器学

习系统"（RFMLS），将机器学习应用至无形的射频（RF）信号。"机器学习系统"项目包括四方面的关键技术，将集成至未来的机器学习系统中：①特征学习，射频机器学习系统从射频信号数据集中，学习用以在各种各样民用和军用信号中辨认和描述信号的特征；②注意力和特性，将人工注意力转移至所运行射频频谱上潜在重要信号上；③射频传感器自主配置，能够自动调整系统对信号和信号特征的接受力，使系统最高效地完成任务；④波形合成，射频机器学习系统应具备数字合成几乎任何可能波形的能力。

基于人工智能的武器装备应该具备全域感知、自主决策和评估反馈能力，通过智能感知自身状态及战场环境变化，利用人工智能算法完成全域感知信息处理加工，形成自主的分析和决策，提供人类决策的依据，并根据决策实施必要行动，而后对行动的结果自动评估以评价决策效果，从而形成闭环，完成作战使命。

一是自适应的全域目标探测识别。智能精确制导武器装备利用人工智能技术不仅能从复杂环境下有效获取目标特性，还能进行自适应的全域目标感知处理，利用积累的全域目标特征信息数据在所得目标或数据不完整时，可通过模型得到目标的探测感知结果。

在2017年4月美国国防部成立算法战跨职能小组（AWCFT），首先将提供用于战术性无人机及中空全动态视频目标探测、分类及预警的计算机视觉算法，后续则将引入更先进的计算机视觉技术。未来，AWCFT计划完成总共38种对象的学习与识别算法，这38种对象基本涵盖了所有战场要素，可支撑情报、监视与侦察（ISR）系统的目标处理，为精确制导武器全面感知战场态势、精确探测获取识别目标，提供有力支撑。

二是具有实时战场态势感知和智能目标选择能力。将人工智能算法应用到精确制导系统上，改进现有的专家系统，利用机器学习、深度学习算法对战场目标感知模型的态势感知信息进行预测处理,实现对战场中感兴趣目标的分类识别,提高武器系统精确制导的智能化水平,进而提高导弹整体作战效能。

2017年8月17日,美国海军和洛克希德·马丁公司完成了AGM-158C"远程反舰导弹"(LRASM)的首次自由飞行发射试验。这是AGM-158C型号发展过程中的首次"端到端"的功能试验,导弹飞越了所有规划好的导航航路点,成功转向中段制导,主动识别了目标并在一群舰船中撞击了目标,武器系统智能识别并自主决策捕捉一个海上移动目标的能力得到了证实。本次试验标志着项目朝着在2018年为作战部队提供关键水面战能力迈进了一大步,并且具有在更远的距离上更好地辨识目标和执行战术交战任务的能力。

三是具有智能决策及执行效果评估能力。当完成战场实时态势的感知以及智能目标选择后,智能精确制导系统可以根据作战任务以及实时战场态势,自主制定作战对策,选择最优方案供作战决策使用,并评估不同作战方案可能的执行效果,待作战执行后,对执行结果进行智能评估并反馈决策作战方案,实现作战任务闭环,并对下一步作战方案选择进行及时修正,从而达到完成对目标的精确打击任务。

最大的私营防务公司WB集团公司在2017年第25届波兰国际防务工业展上展出了"蜂群"(SWARM)察打一体化系统。"蜂群"系统可探测、识别、跟踪50千米处的多种目标,并最终使用巡飞弹将其摧毁,并对摧毁效果进行综合评估。该系统集成了配用数字化指挥控制系统的侦察与打击无人机,并运用WB集团公司的现有技术和产品,包括"飞眼"小型侦察无人机、"战友"巡飞弹、"南美蜂鸟"(Topaz)指挥控制系统和Fonet数字通信管理与内部通信系统,在实现智能组网探测的同时,利用人工智能技术进行自动目标识别，自主选择决策打击目标，并对任务执行效果进行评估。

四、协同探测制导体系不断完善，导弹武器网络化协同作战能力不断提升，分布式集群攻击成为重要发展趋势

主要军事大国非常重视多弹协同探测领域的研究，俄罗斯的"花岗岩"导弹（图 6）在设计中充分引入了多弹协同作战的思想，采用领弹/从弹的协同制导方式，并对导弹飞行实施自主控制，是世界上较早具备协同攻击能力的导弹，给现代反舰导弹协同制导设计提供了重要启发。

美国"战术战斧"（图 7）增加了双向数据链带宽和信息容量，使导弹具有更强的网络化协同作战能力，增强对敌防空体系压制能力。欧洲导弹集团（MBDA）公司新型武器"重甲步兵"导弹（图 8）吸收了"花岗岩"和"战术战斧"的设计思想，采用高低弹道结合的协同制导飞行方式，同时在飞行过程中通过双向数据链支持重新瞄准目标和打击效果评估，旨在为 2035 年及未来的陆上和海上炮兵作战提供非直瞄精确打击能力。美国正在试图给研制的"洛卡斯"（LOCASS）（图 9）和"主宰者"（Dominator）巡飞弹装备低性能传感器和简单程序，发射大量的巡飞弹，协同攻击目标，尽管每个传感器的探测能力比较低，但是群体最前面的巡飞弹近距离地探测目标，并立刻把探测到的信息传递给后面的巡飞弹，巡飞弹就会对目标群起而攻之，形成所谓的"蜂群效应"，大大提高了导弹的抗干扰能力。

美国海军和空军自 2015 年公布发展分布式集群无人作战概念，将已有武器装备职能拆分成数量更多、尺寸更小的小型武器装备，增强武器系统生存突防能力和作战费效比。2016 年，美军基本完成为联合防区外武器导弹和"捕鲸叉"导弹增加网络化作战能力的工作，"弹簧刀"巡飞弹公布了

最新升级 Block 10C，升级加密通信链路，增加与其他作战平台网络化协同工作能力。

图 6　俄罗斯"花岗岩"导弹

图 7　美国"战术战斧"导弹图

图 8　"重甲步兵"导弹

图 9　"洛卡斯"巡飞弹

美国海军"低成本无人机集群技术"项目使用 6 千克级"丛林狼"无人机改造为巡飞弹后，可以数量优势突破舰船拦截系统发动攻击，对舰上关键部位实施局部精确打击，旨在提高巡飞弹集群整体突防能力，提升巡飞弹类武器的作战效能，该项目在 2016 年，上半年完成了一系列快速发射和自主编队飞行试验。2017 年，DAPPA 公布了"进攻性集群战术"（OFF-SET）项目的需求，该项目基于增强现实、虚拟现实等技术以及手势、触碰和触感装置等发展可以控制集群的原型系统，旨在为发展分布式集群攻击武器提供初步模拟试验。

五、结束语

随着世界新军事变革的深入发展,前沿技术领域成为各方战略竞争的新制高点,前沿技术与探测制导技术的结合将推动精确制导武器向远程化、精确化、智能化、隐身化的跨代发展。亟需以科技创新为引领,加快前沿技术探索,努力实现领域性、颠覆性创新,以应对未来的竞争挑战。

(中国航天科工集团第三研究院三十五所
马菁汀 刘尊龙 赵言伟 高凡 耿强)

2017年精确制导武器战斗部和引信技术发展综述

2017年战斗部和引信技术及相关技术的发展受到世界各国的高度重视,多功能多用途战斗部和串联侵彻战斗部技术正在不断探索中发展和巩固,替代集束弹药的新型整体战斗部、经典系列战斗部在新型号中的使用、多种类战斗部可替换使用已逐步成为现实,精准起爆侵彻战斗部的触发引信技术正在寻求革新;战斗部和引信技术基础领域的高能量密度、高热稳定性及低感度含能材料,如金属氢、五唑阴离子化合物、二硝胺联噁二唑等的设计及制备工艺也陆续发展。

一、开发新型整体战斗部,解决集束弹药替代问题以符合国际公约

装有若干子弹药的战斗部称为子母战斗部,配装子母战斗部的武器统称集束弹药。当导弹飞抵预定位置时,子弹药按照预设的方式被抛出舱体,落地后毁伤目标。子母战斗部一般配装指令引信,主要用于攻击地面分散

目标、机场跑道等。在国际集束弹药公约的约束下，为解决现役子母战斗部会在战场上遗留未爆弹药的问题，寻求新型整体战斗部替代子母战斗部迫在眉睫。

2017 年 5 月，洛克希德·马丁公司在美国新墨西哥州白沙导弹靶场完成了第五次现代化战术导弹系统（TACMS）连续飞行测试。试验中，由"海玛斯"高机动火箭炮系统（HIMARS）发射的 TACMS 战术导弹摧毁了 85 千米外的目标。作为美国陆军战术导弹系统延寿计划的一部分，TACMS 的导弹能够摧毁区域目标而无需考虑未爆弹药的遗留问题。TACMS 改进计划旨在用新型整体战斗部替换原有 Block 1 和 Block 1A 型战术导弹系统的子母战斗部，使其符合集束弹药公约。通过现代化改进，该导弹使用年限延长 10 年。TACMS 平台具备很强的灵活性，能够快速集成新型有效载荷，以满足当前和未来需求。

美国国防部确定在 2018 年后不再使用集束弹药，随着期限日益临近，美国空军早在 2015 年就透露，希望采购 227 千克级的普通航空炸弹来填补集束弹药留下的空缺，尤其是满足持续性大面积空中打击需求。

二、拓展经典系列战斗部的使用范围，保持武器的稳定性和技术优势

武器装备的操作便捷性、使用效果以及毁伤威力等都需要在实战中予以检验，以往的系列战斗部在多次训练任务和实际战争中得到验证、逐步完善并脱颖而出，成为较为完美的、可供后续型号借鉴的一类典型战斗部。通过拓展经典系列战斗部在新型号中的使用，既可以缩短武器系统研制周期，也有利于保持武器装备的性能稳定性和技术优势。

美国空军与洛克希德·马丁公司签订了一份价值1310万美元的合同，继续生产"宝石路"Ⅱ+激光制导炸弹套件，这是美国空军连续9年订购该装备。"宝石路"Ⅱ+激光制导炸弹通过将常规航弹转换成精确制导弹药，为标准MK80系列战斗部提供扩展能力。洛克希德·马丁公司是经过认证的三个"宝石路"Ⅱ MK80系列激光精确制导炸弹（LGB）（包括GBU-10 MK84、GBU-12 MK82和GBU-16 MK83）型号的合格供应商，也是唯一的增强型激光制导训练弹和双模式激光制导炸弹组件的供应商。MK80系列炸弹包括MK81、MK82、MK83、MK84等型炸弹，是美国海军在20世纪50年代初为高速飞机外挂投弹研制的新型航空炸弹，形成了著名的MK80低阻炸弹系列，是美国陆、海、空三军广泛装备使用的航空炸弹，同时也是现有各型减速炸弹和制导炸弹的改进发展的基本弹型。MK80系列战斗部也是诸多精确制导武器的主体。

三、实现多种类战斗部可替换使用，满足武器装备打击多任务目标需求

在现代战争中，战争打击的目标主要有地面车辆、机场、港口、桥梁、建筑、地下防御工事、海上舰船甚至高速运动目标等。由于目标种类不同，其防护特性也具有较大差异，为了实现对不同目标的最佳毁伤，往往需要配备各种不同的武器装备。为了实现以尽量少的武器种类来适应目前众多的目标需求，现有的重要技术途径就是采用"一弹多头"的模块化设计思想，即针对不同的目标，通过换装不同的战斗部来达到最佳毁伤效果。

在2017年5月举行的第二届国际地面战争与后勤会议（International Ground Warfare and Logistics）上，以色列军事工业公司（IMI）首次披露了

供特种部队作战使用的新型火箭弹,该火箭弹基于第一代 ACCULAR 精确制导火箭弹研发,主要用于城区作战,打击 35 千米范围内的目标。以色列军事工业公司旗下的吉万(Givon)工厂研发生产的创新型精确制导火箭弹系列的射程可以覆盖 40~300 千米。ACCULAR12 122 毫米制导火箭弹配备 20 千克侵彻或效应可调杀爆战斗部,可用于打击当今战场的大多数目标,可为特种部队的作战提供准确有效的火力支援。

2017 年 8 月,土耳其洛克桑(Roketsan)公司开始批量生产"乌姆塔斯"(UMTAS)ⅡR 远程反坦克导弹。"乌姆塔斯"ⅡR 导弹最初设计作为直升机载反坦克使用,也可从陆地和海上发射。目前,该导弹可以配装两种战斗部,即钝感串联战斗部和破片杀伤战斗部,今后还将配装新型温压战斗部。

2017 年 12 月,乌克兰武装部队在敖德萨军事试验场成功试射了高精度地地导弹。该型地地导弹由"光线"设计局(Luch)与其他乌克兰国防工业公司合作开发,其弹径为 300 毫米,可以配装多种类型的战斗部,可在 50~300 千米射程进行高精度打击。

在 2017 年土耳其国际防务展上,土耳其科学技术委员会国防工业研究和发展研究所披露了"博佐客"(Bozok)微型激光制导弹药的细节。"博佐客"激光制导弹药主要用于装备无人机,弹重 16 千克,弹长 800 毫米,直径 120 毫米,配装近炸引信以及杀爆战斗部。此外,该导弹还进行了多种战斗部的兼容性测试,以实现对多目标的打击。

四、探索多功能多用途战斗部技术,提升复杂战场中武器装备反应能力

未来战场要求武器系统能适应信息化、精确化、多功能化的趋势,发

展智能弹药能对付战场中出现的多种不同类型目标，真正实现一弹多用和高效毁伤，已成为目前弹药技术发展的一个重要方向。在精确制导和目标识别的前提下，需要一种战斗部具有多种毁伤功能，针对不同的目标类型均能够起到高效毁伤的目的，以提升复杂战场中武器装备反应能力。因此，兼顾打击多种目标的多用途战斗部应运而生。

2017年5月，以色列拉法尔公司推出了"长钉"LR Ⅱ多用途导弹。该导弹能够从地面发射器、车辆、舰船和直升机等多种平台发射，与原有的"长钉"LR 导弹相比，重量更轻，射程更远，毁伤能力更强。"长钉"LR Ⅱ导弹目前还处于研发和测试阶段。拉法尔公司正在对新战斗部进行风险降低测试，计划在2018年末完成新导弹的研制工作。"长钉"LR Ⅱ导弹可配装串联聚能破甲战斗部和多用途爆破战斗部，其中多用途爆破战斗部配装有多模引信，可用于打击建筑物、非装甲车辆及开阔地带的人员目标。

2017年6月，以色列UVision公司新推出一款"英雄"系列增程巡飞弹——"英雄"400EC。与"英雄"400巡飞弹相比，"英雄"400EC可对静止、机动目标以及狭窄城区环境中的目标进行精确打击。"英雄"400EC巡飞弹弹长2.1米，翼展2.4米，最大起飞质量40千克，采用10千克的新型多用途战斗部，取代了"英雄"400巡飞弹中的8千克杀爆战斗部，可以打击包括前线阵地和主战坦克在内的多种目标。

五、巩固串联侵彻战斗部技术，成为打击坚固目标的制胜法宝

串联侵彻战斗部又称聚能侵彻串联战斗部，由前后两级组成，前级为聚能装药，用于对目标防护层开坑，后级为半穿甲战斗部，依靠自身动能沿前级开坑穿入目标内部爆炸，壳体形成杀伤破片，并伴有强冲击波，实

现战术工事的破坏或掩体内部有生力量的摧毁。串联侵彻战斗部主要用来攻击防护较强的硬目标，如地下防御工事、航空母舰甲板、带有反应装甲的坦克等坚固目标。串联侵彻战斗部自诞生以来，一直被认为是精确制导武器打击坚固目标并实现克敌制胜的重要法宝。

2017年10月，德国金牛座系统公司（Taurus Systems）宣布，已向韩国空军交付了首批"金牛座"KEPT 350K型巡航导弹（Taurus）。该导弹交付合同签订于2013年11月，共包含170枚或180枚"金牛座"KEPT 350K型巡航导弹。据欧洲导弹集团（MBDA）德国公司称，导弹将配装在韩国空军现役的波音F-15K"攻击鹰"战斗机上，目前该工作已处于最后阶段。"金牛座"KEPT 350K是"金牛座"350导弹的升级版，德国、西班牙的F/A-18"大黄蜂"、"台风"战斗机均配装有"金牛座"350导弹。瑞典也正考虑将此导弹配装在其JAS39"鹰狮"战斗机上。基准型号"金牛座"KEPD 350导弹为射程在350~500千米范围内的导弹，其配装有麦菲斯托（MEPHISTO）侵彻战斗部和智能引信系统，可对硬目标和地下目标进行杀伤。MEPHISTO侵彻战斗部是由法德TDA（泰勒斯集团子公司）/勒斯·戴姆勒宇航工业公司（TDW）研制的一型串联侵彻战斗部，装有可编程智能多用途引信。MEPHISTO侵彻战斗部可以在钻透钢筋混凝土、坚固装甲等增强型防护结构后，在目标内部起爆。

2017年5月，新加坡陆军已经采购了拉法尔先进防务系统公司生产的"长钉"SR便携式近程导弹系统，作为新一代制导型反坦克武器。"长钉"SR是拉法尔公司"长钉"导弹家族中最新式和最紧凑的"发射后不管"导弹。基准型号"长钉"SR采用串联式高爆反坦克战斗部，旨在打击静止和移动的装甲目标。《简氏》在2016年报道中称，拉法尔公司引进了一种新型侵彻爆破破片战斗部，该战斗部由新加坡国防科学技术局（DSTA）联合诺贝尔动力防务公司为德国"斗牛士"90毫米单兵火箭弹开发。5月底，以色列拉法尔公司推出的"长钉"LR Ⅱ多用途导弹配装有串联聚能破甲战斗部和多用途爆破战斗部，其中串联聚能破甲战斗部主要用于打击主战坦克和重型装甲车辆，其破甲能力与"长钉"LR导弹相比提高了30%。乌克兰"光线"国家设计局研制和生产的RK-2、RK-2V、RK-3和B-2M等四型反坦克导弹也配有串联聚能破甲战斗部。其中，RK-2反坦克导弹弹径120毫米，能以60°侵角侵彻披挂有爆炸反应装甲的850毫米轧制均质钢甲。2017年7月，塞尔维亚军事技术研究所（MTI）正在研发一种9M14-2型"婴儿"（Malyutka）-2T反坦克导弹的改进型，代号为2T5，其中2T表示为串联战斗部。该2T5型导弹相比2T导弹，配备了新一代串联战斗部，能够击破爆炸反应装甲防护下1000毫米厚度的装甲。

六、推动触发引信技术的革新和应用，适应精准起爆侵彻战斗部的迫切需求

触发引信是一种依靠碰击目标时所受的反作用力或产生的惯性力而发火的引信。目前，常见机电式触发引信利用机电换能器或传感器，将目标反力、因弹体减速而产生的惯性力或目标介质的侵入作用，转换成电能引发电雷管，能灵活地实现炸点控制。触发引信在反机场跑道、机库及混凝土防御工事等功能的导弹中得到广泛的应用。在现有技术的基础上，美国针对侵彻武器中的触发引信进行了全电子化、可编程化以及集成化等方式的改进，以适应未来战场打击坚固目标的迫切需求。

2017年，美国空军和轨道ATK公司签署了一份价值2300万美元批量生产合同，用于生产FMU-167/B型硬目标空穴感知引信（Hard Target Void

Sensing Fuze，HTVSF）。FMU－167/B 型硬目标空穴感知引信能够提高武器打击地下掩体或洞穴中硬目标的能力，具备多种解保及爆炸延期时间模式。此外，FMU－167/B 型硬目标空穴感知引信集成了先进传感器、鲁棒性算法和电子技术，是一种智能化、可改编程序的引信，可以精准地激活引信并摧毁加固和深埋的目标。该型硬目标空穴感知引信的研制成功，可以增强美国空军及盟国军事力量和关键能力。

2017 年 8 月，L－3 引信与弹药系统公司获得为美国和外国军队交付 FMU－139C/B 炸弹引信和相关设备的合同，此项工作将在俄亥俄州辛辛那提和佛罗里达州奥兰多进行，预计将于 2018 年 3 月完成。FMU－139C/B 型引信是一种机电式引信系统，用于美国空军、海军和许多国家部署的常规炸弹中，可以兼容 MK82、MK83、MK84、BLU－110、BLU－111 和 BLU－117 空投炸弹。例如，在"联合直接攻击弹药"（JDAM）中，该引信可与激光和 GPS 制导系统集成，并设有触发或延时模式，以便更深入地穿透坚固目标。

七、发展高能钝感含能材料及其制备技术，提升严苛战场环境下对目标的毁伤能力

为应对复杂的战争形势、严苛的战场环境、突破目前装药当量的限制，提升自身的生存能力和对目标的毁伤能力，科学家们致力于高能量密度、钝感的含能材料及其制备技术的研究。目前，多种高能钝感含能材料相继研制成功，如金属氢、五唑阴离子化合物、五氧化二碘纳米粒子、二硝胺联噁二唑等高能量密度含能材料，四唑胺及其含能盐、N－亚甲基－C 桥联四唑类化合物、稠环三唑三嗪等耐高温钝感炸药，将满足未来超声速、高

超声速武器等装备严苛环境下战斗部装药的实际需求。

2017年1月,《科学》杂志报道了美国哈佛大学研究团队将氢气样本冷却到了略高于绝对零度的温度,在极高压(495万个大气压)条件下用金刚石对氢气进行压缩,成功获得了一小块金属氢样品,这块金属氢样本被保存在两块微小的金刚石之间。该研究引发了广泛关注,据悉金属氢在升华中可以达TNT爆炸能量的35倍,远远大于任何化学能源的能量密度,仅次于核反应,爆速超过15000米/秒,比冲可能超过1700秒。2017年2月,美国德克萨斯大学通过高能球磨法制备了高能量密度的五氧化二碘纳米棒。五氧化二碘具有很高的单位能量释放能力,约25.7千焦/厘米^3,成为铝热剂型纳米结构含能配方中最为先进的一种氧化剂。该材料还可以作为炸药和起爆药的重要添加成分。2017年2月,美国爱达荷大学以5-氨基-3硝基-1H-1,2,4-三唑(ANTA)为原料,通过两步法合成出一种具有高稳定性的钝感稠环炸药4-氨基-3,7-二硝基-[1,2,4]-三唑-[5,1-c]-[1,2,4]-三嗪(TTX)。研究表明,TTX分子具有与黑索今(RDX)相当的能量,实测密度1.82克/厘米^3,计算爆速和爆压分别为8580米/秒和31.2吉帕,但其热稳定性能优异,热分解温度为272℃,远高于RDX。同时,TTX还具有较低的机械感度。2017年8月,美国爱荷华大学和美国海军实验室合作以氨基乙腈为原料合成一种N-亚甲基-C桥联四唑类化合物,通过N-亚甲基-C桥将硝基团和四唑环连接起来合成了一类高热稳定性且钝感的富氮类炸药分子。该类化合物热分解温度高达306℃。

八、结束语

纵观2017年精确制导武器战斗部和引信技术发展,主要集中在:

（1）功能复合型战斗部技术。通过在多功能多用途战斗部、串联侵彻战斗部技术等方面的探索，旨在提升复杂战场中武器装备反应能力以及打击特定目标下武器装备使用性能等。

（2）可替代模块化战斗部技术。通过在替代集束弹药的新型整体战斗部、经典系列战斗部在新型号中的使用、多种类战斗部可替换使用等方面的发展，旨在解决集束弹药替代问题以符合国际公约、保持武器的稳定性和技术优势、使武器装备适应打击多任务目标的需求。

（3）精准起爆触发引信技术。触发引信向全电子化、可编程化以及集成化的革新和应用，旨在满足精准起爆侵彻战斗部的迫切需求。

（4）高能钝感耐高温含能材料技术。这些特种含能材料技术的发展，旨在满足复杂装药环境要求和使用条件，提升严苛战场环境下对目标的毁伤能力。

综上所述，战斗部和引信技术及其基础领域技术的发展，对提升战斗部毁伤效能甚至武器装备的综合性能具有重要的意义和作用。

（中国航天科工集团第三研究院三部　李含健　周栋）

2017年高性能片上射频系统发展综述

片上射频系统（Radio Frequency System on Chip，RFSoC）是指将射频微波电路（模拟电路或者模数混合电路）集成在半导体晶元上的电路系统，将数模/模数转换器、放大器、滤波器等多种射频功能单元集成在一个独立的半导体芯片上。其具有以下显著优点：集成度高、体积更小、功耗更低；系统性能可靠，简化用户设计和调试射频系统难度；具备多种使用模式并且可以软件配置，经济性好，后续升级更加容易。

近年来大量高性能片上射频系统涌现出来，推动了4G/5G、无人驾驶、人机交互等多个领域的发展，带动了通信、导航、雷达等多种军用设备的升级，将给精确制导武器的目标探测与识别、通信与控制等电子系统设计与应用带来革命性变革，大幅提升精确制导武器系统性能水平，降低成本，拓展作战应用范围。

一、片上射频系统集成度进一步提高，工艺制程进一步升级

半导体制程从2016年的14纳米工艺全面过渡到2017年的10纳米工

艺，基于10纳米工艺的半导体芯片在商用领域全面铺开。与此同时，7纳米工艺的研制也在不断开展，台积电、三星以及格罗方德等半导体厂商均准备在2018年商用7纳米工艺。当前7纳米测试良率普遍达到65%，预期比14纳米制程效能提升40%、功耗降低60%，目标良率是达到95%。

与之同步，片上射频系统的工艺制程进一步升级。10月27日格罗方德推出了适用于新一代无线芯片的射频22纳米制程套件（22FDX–rfa），适用于5G、无线保真（WIFI）、雷达、卫星通信的整体解决方案。方案以22纳米制程平台为基础，能为整合式单芯片射频系统提供强大的制程，适合需要高效能的应用，如长期演进–改进版（LTE–A）、窄带物联网（NB–IOT）和5G等复合芯片。

亚德诺半导体技术有限公司（ADI）在下半年推出了基于28纳米的模数转换器AD9208和数模转换器AD9172，均属于新的高速数模转换器系列。基于28纳米CMOS技术，这些新的数模混合器件可提供远优于基于旧有工艺（如65纳米）器件的动态范围、信号带宽以及功耗，其性能基准更上一个台阶。更为难得的是，通过高集成度整合，这些新的射频芯片都具备了独立数控振荡器（NCO）模块、数字增益控制、每个输入通道具有多种插值滤波器组合，省去了中频（IF）至射频（RF）的上变频级和逻辑输出（LO）生成，简化了整体射频信号链，大幅降低了整体系统的成本和体积。这些产品可用于要求较大侦测范围的防务电子应用，是未来电子对抗、侦察和雷达制导解决方案中的关键器件。

10月9日，赛灵思公司（Xilinx）宣布其Zynq UltraScale + RFSoC（第二代多处理片上系统）系列开始发货，整体基于台积电先进的16纳米鳍式场效应晶体管（FinFET）工艺，具备突出的综合性能，片上集成了ARM处理子系统、多达930000个可编程逻辑单元和8通道4吉赫采样率以上的模数和数模转换器，面向多波束雷达、多用户宽带通信以及宽带侦察等高性能射频应用，大量的军方用户都表示出浓厚的兴趣，可见片上射频系统的制程距离数字电路的制程仅有一步之遥。

2017年英特尔（Intel）收购阿尔特拉（Altera）公司后，其CPU产品中集成了现场可编程门阵列（FPGA）单元，集成了具有550万个逻辑元件（LE）的最新至强处理器采用高密度FPGA架构，面向大数据处理和人工智能引擎加速，采用了英特尔14纳米三栅极制造工艺，与上一代的高性能FPGA相比，内核性能提高1倍，同时功耗降低70%。

虽然天线尺寸和电磁波长紧密耦合，但是在2017年，芯片级的天线产品研究也出现了突破，美国空军研究实验室材料和制造部与美国东北大学合作，采用全新的信号收发方法，开发出一种微型天线，天线尺寸小于1毫米，利用应变波的传播速度比光速慢得多的性质，在保持频率不变的情况下，使用声学滤波器技术，将微波电压转换成应变波，减小波长，再利用磁性材料涂覆常规体声波滤波器。因为这些较慢的应变波可以转换成辐射，从而避免了常规天线微型化后面临的低效率难题。该微型天线使用基于"多铁性复合材料"的特殊绝缘材料代替导电材料，可以使超小型天线通过感应微波磁场，这将天线尺寸减小了90%以上，使更小体积军用与商用设备的问世成为可能，包括可穿戴天线、生物可植入和生物可注射天线、智能手机和无线通信系统等。

二、基于软件无线电架构思想，片上射频系统开始向前后级整合

一个完整的射频系统架构示意如图1所示。当前片上射频系统在系统架

构上,开始前后级整合,如当前的射频系统架构按照软件无线电的构想在向前发展,原有的"基带处理与应用端"+"模数/数模变换端"+"射频通道端"+"天线端"的架构,开始呈现前后级整合的态势。特别是在2017年,基带端与变换端融合以及变换端和射频通道端融合都出现了革命性的商用产品。

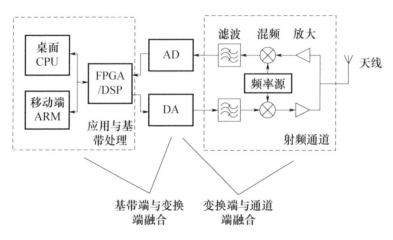

图 1　完整的射频系统架构示意

在基带端与变换端,赛灵思公司(Xilinx)的 Zynq UltraScale + RFSoC 系列通过一个突破性的架构将射频信号链集成在一个单芯片片上系统中,16 纳米的全可编程片上射频系统可将系统功耗和封装尺寸减少最高达 50% ~75%。

在变换端和射频通道端,亚德诺半导体技术有限公司(ADI)在大获成功的 AD9361 系列收发器件的基础上,发展出了第二代产品,即 AD937X 系列射频收发器。AD9375 是首款片内集成数字预失真(DPD)算法的射频收发器。内置从中频到射频全覆盖的调谐、滤波、放大全功能电路,使得预失真的功耗降低了 90%,根据第三方评估,应用 AD937X 系列芯片,可使得 2×2 长期演进(LTE)系统的总功耗降低到 10 瓦以下,尺寸压缩得非常小（88毫米×83毫米），是多输入多输出（MIMO）系统和宽带通信、窄带雷达系统的极佳单片解决方案，ADI 公司系列宽带射频收发器已经占据小型基站市场 80% 的份额。AD9361 – AD9375 系列芯片几乎覆盖了所有窄带射频系统相关领域。

三、片上射频系统产业上下游不断展开收购

伴随着技术架构整合的，是产业中广泛的收并购，从 2016 年起，传统半导体厂商开始不断并购射频方案厂商。各个芯片厂商通过收并购不断扩充自身在射频领域的研发实力，进而支撑自身在片上射频系统中的市场份额，其中比较有影响力的案例有：赛灵思公司收购无线解决方案厂商 ModeSat；Intel 公司 170 亿美元收购阿尔特拉（Altera）公司；亚德诺半导体技术公司（ADI）148 亿美元收购凌立尔特（Linear Technology）、20 亿美元收购赫梯微波（Hittite Microwave）并拟收购美信等案例。

2017 年最为震动业界的是博通拟用 1300 亿美元收购高通公司，虽然收购方案被高通董事会拒绝，但是博通已经启动了恶意收购计划，据业界估计，博通如果和高通合并，将垄断射频系统方案市场 70% 以上的市场，形成射频半导体市场的巨无霸。

四、片上射频系统开始面向人工智能提供接口

随着 5G 和物联网的发展，伴随无人驾驶、可穿戴设备以及机器人等新应用发展，"万物互联"给射频传感带来了巨大的应用需求。德州仪器（TI）等厂商当前已将雷达等视为一种传感器，而高集成度片上系统是射频

传感器的核心部件。在 2017 年，片上射频系统逐渐摆脱了以往通道化、底层化的定位，开始面向人工智能和云应用，提供神经网络、深度学习等应用接口，射频芯片已经是整体感知层的组成模组，通过人工智能，将射频感知信息收集利用起来，这将大幅拓展雷达的能力和智能射频的发展。

TI 公司从 2011 年开始就在推广其驾驶员辅助系统（ADAS），在 2017 年 5 月 TI 正式公开 77 吉赫频段的毫米波雷达单芯片方案，TI 视其为无人驾驶的核心技术之一。同时也不难联想到其军事应用：在地面环境检测物体的距离、速度和角度；适应雨、雾、灰尘、光照和黑暗等环境条件；穿透塑料、干燥墙壁、玻璃等材料等。毫米波雷达是唯一能够满足所有这些需求的传感技术，是无人作战感知层的重要手段。TI 公司引进了新的 CMOS 工艺，推出单芯片 CMOS 毫米波方案，单片面积 10.4 毫米 × 10.4 毫米，在毫米波方案的基础上，TI 公司将不断将频率下探，预计在 2018 年 TI 将会推出 60 吉赫的工业频段产品。

值得注意的是，TI 公司在 ADAS 的处理端已经提供了神经网络的接口支持，TI 公司利用 TDA2 和 TDA3 处理单元演示搭建了一个 41 层的神经网络，叫做"TI 语义识别神经网络的 ADAS 应用"。下一代 TDA4 系列也将于 2018 年年底推出，TDA4 将着重体现人工智能因素。

五、结束语

（一）片上射频系统前景广阔，市场巨大

半导体属于资本和技术高度密集型产业，是世界大国的必争之地。我国半导体产业迎来历史性机遇，在全球市场中继续保持领先的增长势头。但应该看到，国内半导体设备厂商的份额较低，从制造工艺到设计能力，

距离世界一流水平还有相当的距离。

（二）片上射频系统将极大地改变未来战争形态

未来战场无人化、智能化离不开片上射频系统。体积小、功能强的射频功能芯片将大幅提升武器性能，使得武器装备更加小巧隐蔽，探测感知战场环境的能力更强。这一方面将提升如美国、日本等微电子产业大国的尖端军事能力，另一方面也降低了其他国家精确打击能力和无人作战能力的获取门槛，这将极大地改变未来战争形态。

（三）片上射频系统将带来开发和应用同质化，改变当前射频产业格局

随着片上射频系统高度集成化和可编程化，射频系统开发与应用将越来越依赖于各个厂商提供的开发套件，而不是以往通过电路计算和分立元器件进行设计搭建。这样的趋势虽然带来了开发、应用和维护上的便利，但也需要看到，射频系统的同质化也是不可避免的。过度依赖片上射频系统将带来元器件可能禁运、射频系统暗藏后门等一系列应用风险。同时，武器装备射频系统同质化将不可避免地带来竞争的加剧和利润的降低，这对于射频系统产业链上的厂商将带来不可估量的影响。

（中国航天科工集团第三研究院三部　柳震　李若凡）

2017 年高超声速飞行器技术发展综述

2017 年世界高超声速技术领域风起云涌，美国和俄罗斯等世界主要大国打破原有高超声速规划安排，纷纷将高超声速装备转化提上正式日程，不断加大关注度和投入力度，试图抢占实战化先机。总体上看，特点鲜明：高超声速导弹从技术预研开始正式转入装备采办，加快高超声速武器战斗力形成，预计 3~5 年形成高超声速武器装备；高超声速飞机研发进展成果显著，美国波音、洛克希德·马丁两家军工巨头一马当先；空天飞行器依托典型项目，开展研究论证和技术储备；同时，加强和完善高超声速地面试验和条件设施能力建设，稳步推进基础科研，加快高超声速实用化技术验证步伐。

一、加速高超声速武器装备采办进程，2020—2025 年形成装备能力

（一）美国正式启动高超声速武器研制，同步制定高超声速武器装备型谱，规划高超声速武器作战体系

2018 财年预算中，美国首次编列了"高超声速样机"项目，为高超声

速打击武器预研项目共申请4.34亿美元,较上一财年批复额（3.41亿美元）大幅提升。2017年6月29日、7月22日,美国空军先后发布"快速研制和部署空射型高超声速常规打击武器的工业能力调研报告"和"空射型高超声速常规打击武器"（HCSW）型号工程研制合同招标预告（图1）,标志着美军正式启动空射高超声速导弹装备采办程序。进一步指出,将在2018年初授出HCSW的工程研制合同,标志着美军高超声速导弹相比之前的规划将提前5年左右进入工程研制阶段。

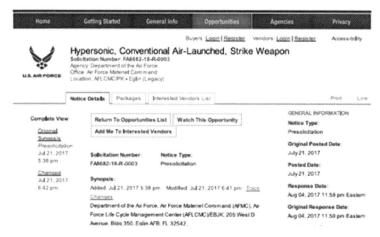

图1 美国FBO网站上公开的HCSW工程研制招标预告

此外,战术级射程的"高速打击武器"（HSSW）演示验证项目和战略级射程的"先进高超声速武器"（AHW）项目按照既定计划持续推进。HSSW项目包括"高超声速吸气式武器方案"（HAWC）和"战术助推滑翔武器"（TBG）两个子项目,去年顺利进入第二阶段后,计划于2018财年完成关键设计评审,为后续2019财年开展飞行验证做准备。AHW项目作为"常规快速全球打击"（CPGS）计划的一部分,在2011年开展了4000千米陆基飞行试验,之后美国国防部持续给予大量资金支持,于2016年完成海基 AHW 首个试飞器 FE-1 的关键设计评审。2017 年 10 月,美国海军成功完成潜艇发射 AHW 的中程常规快速打击飞行试验,飞行时间接近 30 分钟,搜集了高超声速滑翔武器在大气层内长时间飞行的试验数据,用于支撑高超声速飞行器地面试验和常规快速打击武器研究,后续计划在 2019 财年进行第二次飞行试验。实际上 CPGS 是空军提出的计划,陆军和海军均开展了 AHW 飞行试验,说明高超声速武器技术难度大,各军种均同步加快了高超声速武器研制。

随着中俄在高超声速技术领域的快速进展,美国开始担忧丧失其在高超声速武器装备发展上的领先优势,空军高层首次将发展高超声速武器装备比喻成一项"曼哈顿工程",并随后又公开表示将制定首个面向实战化的高超声速武器装备型谱,预示着美国将集中资源加快装备发展进程,以抢占高超声速武器实战化先机。

(二)俄罗斯"锆石"海基高超声速巡航导弹飞行试验成功,空射型高超声速巡航导弹令人关注

2017 年,俄罗斯国防部副部长表示高超声速武器是即将发布的《2018—2027 国家武器装备计划》的重点发展装备之一,并公开宣称俄罗斯计划在 2020—2022 年装备空射型高超声速导弹,当前正在加紧开展研制试验。

继 2016 年连续成功完成战术级的"锆石"吸气式高超声速导弹和战略级的高超声速助推滑翔飞行器 YU-71 的试飞后,2017 年 4 月披露"锆石"又成功完成了一次飞行试验。结合俄罗斯早前的计划安排和开源情报,此次飞行试验应是继去年陆基试射后的海基试射,飞行速度达马赫数 6 左右。俄罗斯方面表示,"锆石"高超声速导弹或将在 2020 年左右服役,后续还将发展潜射型和空射型。

此外,2017年12月《简氏导弹与火箭》披露,俄罗斯正在开展一种可穿透严密设防防空系统的新型战区级高超声速导弹,已列入俄罗斯《2018—2027国家武器装备计划》计划框架。该弹长度6米、质量1500千克,目标是2020年实现射程1500千米、飞行速度马赫数6的高超声速导弹;2030年实现射程全球覆盖、飞行速度达马赫数12高超声速武器,如表1所列。

表1 俄罗斯新型吸气式高超声速导弹性能参数

发射质量	约1500千克
弹　　长	6米
射　　程	1500千米
飞行速度	马赫数6
动　　力	图拉耶夫联盟设计局(Soyuz TMKB)研制的70型冲压发动机
制　　导	Gran-75主被动雷达导引头
适装平台	图-95MS/图-22M

(三)日本计划启动高速助推滑翔导弹项目

2017年11月,日本防卫省防卫装备厅技术战略部在2018财年防务预算申请文件中提交了一个名为"高速助推滑翔导弹关键技术研究"的项目预算申请,拟在2018财年预算中申请100亿日元(约9000万美元),用于在2018—2024年间开展高速助推滑翔导弹若干关键技术的开发及验证,为后续型号研制做好技术储备。研究内容涉及滑翔飞行器机体设计、气动力与直接力复合的滑翔飞行控制、高性能火箭发动机助推器等关键技术,计划完成原型样机的设计、制造和相关功能及性能验证试验。尽管该项目定位为技术研究与验证,但其发展的是进攻性武器技术,和日本近年来显现出的军事力量扩张战略意图相符。一旦获批,将推动日本在高速打击武器领域迈出重大的一步。

二、高超声速飞机技术发展路线逐步明晰，研发进展成果显著

（一）美国制定循序渐进式高超声速飞机发展路线，波音和洛克希德·马丁两家巨头一马当先

美国进一步明确高超声速飞机的发展路线，空军高层在 2017 年 7 月表示将采取"先爬—再走—最后才跑"的渐进式发展方式，与 2016 年"高速作战系统支撑技术"（ETHOS）调研公告指出的"先机载发射、再水平起降"发展思路相吻合，并透露洛克希德·马丁公司正在研制的基于火箭基组合循环发动机（RBCC）的 SR-72 将成为高超声速飞机发展的第一步。

在 2013—2017 年开展大量地面试验验证后，洛克希德·马丁公司在 2017 年 6 月表示已经具备研制 SR-72 高超声速飞机验证机的技术条件，最快将在 2018 年开始研制一型有人或无人驾驶的飞行验证机。该验证机将由一台全尺寸支板引射火箭发动机（RBCC 的一种典型结构）提供动力。2013 年首次披露 SR-72 时，外界推断的涡轮基组合循环发动机（TBCC）更可能是远期的水平起降方案。验证机大小与 F-22 战斗机相当，计划 21 世纪 20 年代早期开展首飞，晚期开展更大尺寸验证机首飞。

另外，美国同步探索基于 TBCC 的水平起降型高超声速飞机方案，并加紧核心技术攻关。DARPA 持续推进"先进全速域发动机"（AFRE）项目发展（图 2），在 2017 年 9 月分别授予轨道 ATK 公司和洛克达因公司合同。AFRE 项目于 2016 年启动，旨在研究高超声速飞机 TBCC 推进系统工程化的可行性，计划在 2018 财年完成大尺寸进气道、全尺寸燃烧室的制造和初始测试，全尺寸尾喷管的制造及其与现货涡轮（OTS）发动机的初步集成等。

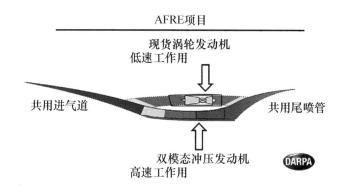

图 2 美国 AFRE 项目

2018 年 1 月,波音公司披露了其马赫数 5 高超声速飞机方案及研制计划(TBCC 是其备选动力方案之一),并展出了飞机模型,计划第一步将研制一型 F-16 大小样机用于技术验证,第二步将研制 SR-71 尺寸大小的高超声速飞机型号,于 2020 年代末形成装备。

(二)俄罗斯积极准备高超声速六代机研制工作

俄罗斯 2017 年 8 月透露,正在为高超声速第六代战斗机积极储备科学与技术基础。俄罗斯联合飞机公司在 2016 年首次披露六代机时,表示将配备高功率微波武器和无线电光子雷达,并已完成概念方案设计。负责六代机雷达研制的俄罗斯无线电电子技术集团在 2017 年 8 月披露,其已研制出机载射频光子相控阵雷达发射机和接收机的试验样机,接下来将着手全尺寸模型的研制,确定雷达具体的物理尺寸、工作频段以及输出功率等。

三、依托典型项目,持续开展空天往返飞行器的概念论证和技术探索

美国推进可重复使用火箭的太空飞机项目,加强吸气式组合动力空天

飞行器的关键技术储备。面对低成本快速空间进入的能力需求，美国国防高级研究计划局（DARPA）在2017年陆续授出合同，推动相关项目发展。

在基于可重复使用火箭的空间进入方案方面，继去年发布第二、三阶段招标通告后，DARPA于2017年5月授予波音公司"试验性太空飞机"（XS-1）项目研制试飞合同。XS-1项目顺利完成转阶段，按计划第二阶段将在2019年前完成技术验证机的设计、试制和测试，为飞行试验做好准备。DARPA在2018财年为XS-1项目申请预算6000万美元，比2017财年的批复额增长50%，为项目稳步推进提供经费保障。

在水平起降式空天飞行器方面，继去年披露两型基于"佩刀"（SABRE）发动机的两级入轨空天飞行器概念方案后，DARPA对"佩刀"发动机的核心部件——预冷却器技术开展验证。2017年9月，DARPA授予英国反应发动机公司（REL）在美国设立的子公司一份合同，要求在美国开展"佩刀"发动机预冷却器样机的高温气流试验，以考核确认预冷却器在马赫数5的高温高速气流条件下的性能。2017年12月，REL宣布已经启动预冷却样机高温气流考核试验设施的建设工作。

四、加紧高超声速试验能力建设，稳步推进基础科研

（一）美国加大高超声速试验设施投资力度，持续推进高超声速基础研究技术发展

目前美国多项高超声速核心技术的成熟度已达到5级以上，高超声速技术即将迈入武器化进程。在此背景下，美国紧密围绕研发和装备需求，加大高超声速试验设施建设投资力度，并持续推动基础科研，旨在支撑高超声速武器研制，同时进一步夯实可重复使用高超声速飞行器的理论基础。

在高超声速试验设施建设方面，美国空军"高超声速试验能力提升计划"（图3）指出，在2017—2021财年将为高超声速试验能力建设投资3.5亿美元。在该计划的推动下，美国从2017财年开始加大了对高超声速试验设施升级改进和建设的支持力度。据2018财年预算文件显示，2017财年美国国防部在"核心试验与鉴定投资计划"（CTEIP）项目下资助了8项高超声速试验设施建设子项目，2018财年将增至9项，包括马赫数7.5清洁空气试验环境、中压电弧加热装置、用于高超声速武器试验的机载自动跟踪系统等。

图3 2017年3月空军装备司令部提出将启动"高超声速试验能力提升计划"

在基础科研方面，美国空军科学研究办公室（AFOSR）在2017年2月发布了关于高超声速飞行器边界层转捩（BOLT）试验的招标通告（BAA），将通过开展风洞试验、计算分析和飞行试验，旨在加深对高马赫数下具有后掠前缘的小曲率凹面上边界层转捩物理机理和转捩扰动演化规律的理解，对高超声速飞行器边界层转捩行为进行更为精确的预测；5月，美国国防部授予科罗拉多大学牵头的高校团队一份临近空间探空气球科研项目合同，以支撑未来高超声速飞机的研发。高校团队计划放飞一系列临近空间气球，通过球载仪器来收集气流、温度流动和颗粒物分布等大气环境数据，从而研究 24～36 千米高空的大气环境。

（二）美、澳合作"高超声速国际飞行研究试验"（HIFiRE）项目持续开展飞行试验

作为美、澳在高超声速基础研究领域的重要合作项目，HIFiRE 项目在 2017 年 7 月开展了第 8 次飞行试验。这次飞行试验编号为 HIFiRE 4，试验中采取的乘波体试飞器飞行速度达马赫数 7 以上。试验总体上取得成功，但助推火箭携带的两架试飞器中有一架在分离后很快与地面失去联系。试验主要任务是演示大气层外分离、高度控制和大气层内高超声速助推—滑翔飞行器的控制方案，并收集先进乘波体构型的气动、稳定性和控制等方面的相关数据。图 4 为 HIFiRE 4 助推火箭点火瞬间。

图 4　HIFiRE 4 助推火箭点火瞬间

（三）英国新建高超声速发动机试验设施

继 2016 年披露"佩刀"发动机 1/4 缩比验证机详细发展规划后，英国 REL 公司在 2017 年 5 月透露正在搭建一座试验设施，用于"佩刀"发动机 1/4 缩比验证机的第一次地面验证。试验设施选址为牛津附近的白金汉郡韦斯科特，计划在 2020 年"佩刀"发动机核心部件运行前能够对其子系统进行测试。这座试验设施将包括一个多用途推进试验台、组装建筑楼、车间、办公室和控制室。其中,多用途推进试验台用于测试多种发动机配置,而车间和其他支撑设施可使发动机直接在现场更改配置,减少测试阶段之间的停顿时间,从而加速发动机的开发计划。

(四)日本启动高超声速基础研究项目

2017年8月,日本防卫装备厅通过"安全保障技术研究推进制度"批准了包括高超声速技术在内的14项军事基础技术研究项目。其中,高超声速项目是6个大型研究项目之一,将针对高超声速飞行的流体和燃烧特性开展研究。该项目旨在通过风洞试验、飞行试验和计算机数值分析等方法,基于从地面设备上获取的数据研究高超声速的燃烧现象和空气动力加热的估算技术,从而提高高超声速飞行技术水平。项目研究代表机构为日本宇宙航空航天开发机构(JAXA),还有两所大学参与。日本防卫装备厅希望利用民间研发力量推进军用前沿基础技术创新。

五、结束语

目前,美国和俄罗斯均将高超声速武器化提上日程,不断加大投资和研发力度,预计2020—2025年陆续形成装备,同时积极推进高超声速飞机的总体方案论证和技术储备,并面向长远目标持续开展空天飞行器概念论证和技术探索。

(中国航天科工集团第三研究院三〇一所　王轶鹏)
(中国航天科工集团第三研究院三一〇所　张灿　胡冬冬　李文杰　刘都群)

ZHONGYAO
ZHUANTI FENXI

重要专题分析

美国陆军发布未来 30 年导弹科技发展战略

2017 年 10 月 27 日，美国陆军部负责航空与导弹武器装备及技术研究的科研与管理机构——陆军航空与导弹研发工程中心（AMRDEC）在"航空与导弹技术其他交易协议"（OTA）工业日上发布了面向未来 30 年的导弹科技战略概要，规划至 2050 年导弹科技重点发展领域。此份导弹科技战略规划了地面战术（近战）、空中防御、机载导弹和火力支援 4 个导弹科技能力领域和 1 个通用技术领域。通用技术属于应用基础研究和先期技术研究范畴，一般尚未达到可以向 4 个能力领域之一转化的技术成熟度水平，并且通常跨 2 个或 3 个能力领域或涉及核心能力领域。

一、地面战术（近战）能力领域

（一）计划发展的系统

地面战术（近战）系统包括直接火力与精确武器、间接火力和空投火力支援系统，以及决定战果的非致命作战武器。2019—2023 财年计划发展改进型"致命微型空中弹药系统"（LMAMS）、"单个多用途导弹"（SMAM）、"多导弹同步交战技术"（MSET）、下一代近战导弹增程推进型等。2024—2050 财年计划发展用于多域战/大规模城市作战中"有人—无人编队"（MUM-T）的新型近战导弹系统。

（二）地面战术能力领域关键使能技术

地面战术能力领域，计划发展的关键使能技术主要有以下几项。①推进技术：使用信号特征最小的推进剂，提高导弹射程，缩短飞行时间；在不影响性能的情况下，使钝感弹药的兼容性最大化。②战斗部/引信技术：能够打击下一代主战坦克（装载有反应装甲和主动防御系统）、轻型装甲车、开放和遮蔽状态的人员、建筑结构等目标的多模战斗部和引信（杀伤效果可调）；电子战载荷，高能密度炸药。③导引头技术：小型低成本、低功耗光电/红外传感器技术。④"反介入/区域拒止"环境下基于图像的跟踪系统/精确瞄准技术：监控条件下的自主末端交战技术；GPS 拒止环境下的导航技术。⑤数字化数据链技术：高安全性（加密、抗干扰）数据链技术；视距/超视距的远距离数据链技术；蜂群通信数据链技术，包括多导弹控制、网络化跨导弹通信、提高频带宽度。计划发展的系统如图 1 所示。

二、防空能力领域

防空的主要任务是保护部队和装备免遭空中攻击、导弹袭击和监视，可分为点防御、区域防御和平台防御。驱动防空能力领域发展的主要因素有：与大国对抗时美国陆军防空系统能力有限；全方位感知、击毁火箭弹/火炮和"迫击炮"（RAM）、战术弹道导弹、巡航导弹以及空中威胁,特别是新兴威胁的能力有限;与无人系统对抗时探测和交战距离有限。

图1 地面战术能力领域计划

（一）计划发展的系统

2019—2023 财年计划发展"联合多平台先进作战识别"（JMAC）、"模块化主动防护系统"（MAPS）、"低成本增程空中防御"（LowER–AD）、"数字阵列雷达试验台"（DART）。2024—2050 财年计划发展机动部队防空技术、未来防空技术（图2）。

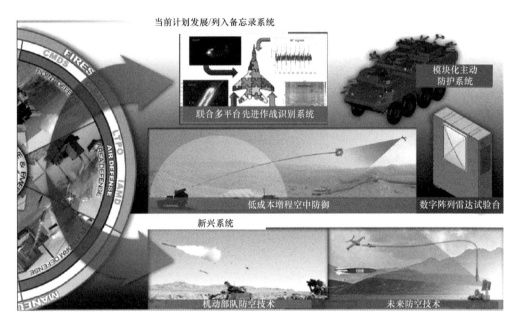

图2　防空能力领域计划发展系统

（二）防空能力领域关键使能技术

防空能力领域，计划发展的关键使能技术主要有以下几项。①低成本技术：发展先进导弹部件、先进材料。②小型化技术：包括用于复杂飞行环境下的小型化导航技术、传感器技术。③提高高杂波环境下的作战效能：拓展探测距离，发展精确的目标瞄准点选择技术。④提高网络化作战环境下的效能：发展先进火控技术，提高系统网络安全性。⑤提升武器射程与机动性的技术：发展轻质化导弹，并提供可调的作战效果。⑥建模与仿真技术：新兴威胁和复杂交战建模仿真。

三、机载导弹能力领域

机载导弹作为装备体系的一部分，通过火力与机动，发现、压制和摧毁敌人，在协同作战中提供作战、作战服务与作战服务支援。驱动机载导弹能力领域发展的因素主要有，在空中作战编队将从传统的固定式编队发展到未来混合编队的背景下，需要提高当前及未来陆军有人/无人航空平台对抗大范围空中和地面威胁的杀伤效果；导弹架构需要支持系统快速演化（可进行快速改装和能力扩展），并降低寿命周期成本。

（一）计划发展的系统

未来发展方向是发展可适用于多平台的、具有开放式架构的导弹解决方案。2019—2023 财年计划发展基于"模块化导弹技术"（MMT）的开放架构部件，进行 MMT 多用途导弹演示验证。2024—2050 财年计划发展下一代空地导弹，计划发展的系统如图 3 所示。

（二）机载导弹能力领域关键使能技术

机载导弹能力领域，计划发展的关键使能技术主要有以下几项。①杀伤方面：可选/可调的动能与非动能战斗部/引信技术。②推进方面：用于增程和机动的先进固体和/或吸气式推进技术。③平台集成方面：用于未来直升机的先进内埋系统技术。④导航方面：GPS 降级或拒止环境中的精确制导技术。⑤电源方面：高能密度电池技术。⑥通用技术方面：使所有部件的体积、质量、功率及成本最小化的先进技术。

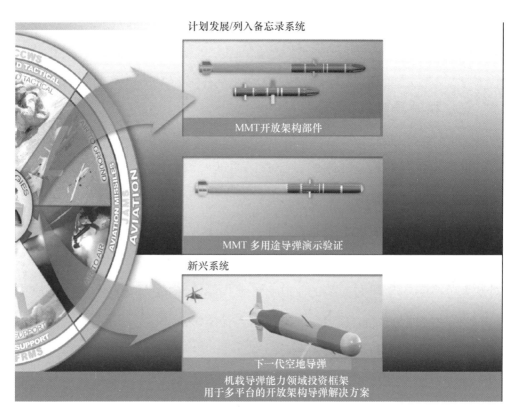

图 3　机载导弹能力领域计划发展系统

四、火力支援能力领域

火力支援系统的未来发展方向是提高在所有作战环境下的跨域作战能力,可对固定和移动目标实施远程精确点/面杀伤。驱动火力支援能力领域科技投资的关键因素有：首先,受国防部集束弹药政策限制,2018 年后禁止使用大于 1%"未爆炸弹药"(UXO)的集束弹药(淘汰用于加农/火箭/导弹的"双用途改进型传统弹药"(DPICM)),需要发展新型火力支援系统；其次，随着陆军多域战作战概念的发展以及应对"反介入/区域拒止"挑战，对射程、杀伤力和精度的要求日益提高，未来陆军需发展跨域火力，从陆地向空中、海上、太空和网络作战域投送兵力。

（一）计划发展的系统

2019—2023 财年计划发展尾翼控制的"制导多管火箭炮"（GMLRS）、集成 UTAH 的 GMLRS、低成本战术增程导弹、陆基反舰导弹。2024—2050 财年计划发展远程机动火力、轻型 GMLRS。优先投资领域包括："反介入/领域拒止"能力、"空间弹性"（PNT）、远程目标打击、提高不能精确定位或大型编队目标的杀伤效果、机械化目标等打击、敌空中和海上目标打击。

（二）火力支援能力领域关键使能技术

火力支援能力领域，计划发展的关键使能技术主要有以下几项。①传感器技术：高杂波环境下的导引头/传感器技术，移动目标（包括陆基和海基目标）进行目标捕获、分类和瞄准点选择技术。②图像处理技术：提高所有作战环境和状态（静态、移动和静止—移动状态切换）下陆基和海基目标探测与识别的图像处理技术。③导航技术：GPS 受限环境下支撑精确制导的导航技术，用于陆基发射平台的无线通信技术。④战斗部/引信技术：可选/可调的动能和非动能战斗部/引信技术；符合集束弹药政策且可用于不能精确定位或大面积目标的战斗部/引信技术。⑤推进技术：用于增程和机动性提升的先进固体火箭或吸气式推进技术。⑥建模和仿真技术：复杂超声速/高超声速气动和气动热环境下的建模和仿真技术。⑦材料技术：可用于超声速/超高速环境的共形导引头头罩和材料技术；可用于超声速/超高速环境的先进结构和防护材料技术。计划发展的系统如图 4 所示。

图 4　火力支援能力领域计划发展系统

五、通用技术领域

美国陆军认为通用技术投资能够充分解决导弹武器技术差距问题。导弹相关基础研究领域涵盖（图 5）：网络、传感器、导弹电子、制导、杀伤、雷达、数据链与通信、推进、发射架、电源、材料与结构、空气动力、战斗部/引信、导航系统、建模与仿真、控制系统、可靠性与可维修性、经济性/制造成熟性技术等方面，这也是美国陆军航空与导弹领域通用技术投资的主要内容。AMRDEC 技术领域如图 5 所示。

重要专题分析

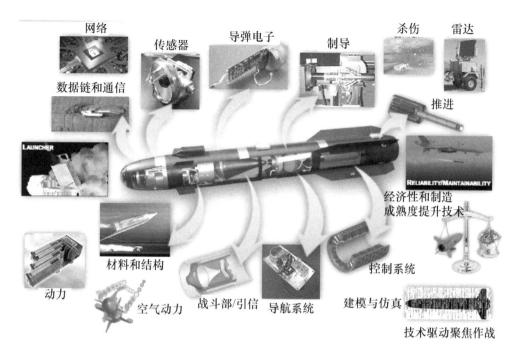

图 5　AMRDEC 技术领域图

六、结束语

在特朗普政府倡导"以实力维持和平"、大幅增加国防预算的大背景下，该战略将使美国陆军的精确打击能力建设加快，并呈现出新的发展趋势。

（一）精确打击能力加快向跨域杀伤与协同作战等方向发展，将在"反介入/区域拒止"作战体系中发挥更大作用

从反恐作战到大国对抗，美国陆军精确打击能力建设将围绕作战需求的变化，重点提升以下能力：在与大国开展大规模城市作战中的防空能力；全方位感知并击毁战术弹道导弹、巡航导弹特别是新兴威胁的能力；无人

系统对抗能力；大范围抗击混合编队空中和地面威胁的能力；在设想的西太平洋多域作战中，提高导弹的射程、杀伤力和精度，以应对"反介入/区域拒止"的挑战；从陆地向空中、海上、太空和网络空间等作战域提供火力支援的能力等。

在战略概要中，美国陆军将其重点发展方向集中在远程机动火力、多用途导弹、下一代空地导弹、未来防空技术等领域，集中体现了美国陆军正在努力扩展多域作战及协同作战能力，以便更好地应对"反介入/区域拒止"威胁。

此外，将部分原计划定为远期发展的项目（如导弹齐射、一弹多用项目）调整为近期发展计划（2019—2023 财年），并将"将近战导弹技术应用于多域战/大规模城市作战中的有人/无人编队（MUM‑T）"等领域增列为远期计划（2024—2050 财年）的重点领域，体现了美军力图加快提升精确打击能力新趋势。

（二）美国政府加大资源投入，陆军精确打击能力建设将获得重要的发展机遇

特朗普政府上台后增补了 2017 财年国防预算，并大幅上调 2018 财年和 2019 财年相关预算。2018 财年国防预算中陆军"研究、发展、试验与鉴定"（RDT&E）经费比 2017 财年下拨经费高出 8.5 亿美元（增长 9.7%），将优先用于现有系统的渐进式升级及开发新技术，包括远程精确火力、一弹多用、低成本增程防空、致命微型空中弹药系统等导弹项目，涉及地面火力、近程防空等领域，这与美国陆军强调的 2018 财年现代化优先事项——防空和导弹防御、远程火力等相吻合，而且 2019 财年国防预算仍在强化远程精确火力、防空和导弹防御等项目研发投入，表明美国陆军导弹科技战略规划已进入有序实施阶段。

同时，特朗普政府新版国防战略将提高导弹防御能力列为保护美国利益的首要行动事项，2018 财年和 2019 财年国防预算均包含相关领域重要先进技术的投资。特朗普政府对美军建设的投入，将成为导弹科技战略规划落地、提升陆军精确打击能力的重要契机。

（中国航天科工集团第三研究院三一〇所　庞娟　胡冬冬　宋怡然）

穿透型制空概念对美国空军导弹武器装备发展的影响分析

空中优势一直被美军视为取得作战胜利的先决条件。继 2016 年《2030 年空中优势飞行规划》（以下简称《规划》）首次提出穿透型制空（Penetrating Counter Air，PCA）概念后，2017 年美国空军加紧开展穿透型制空的深入论证和备选方案分析，并探索相关导弹武器装备的发展。

一、美国空军 PCA 概念的提出

（一）美国空军保持空中优势能力正面临挑战与威胁

在中国、俄罗斯等军事强国的崛起，"反介入/区域拒止"能力的不断提升，第五代先进战斗机研制工作的推进、高端不对称能力的快速发展，美国空军发展"第六代战斗机""下一代空中主宰系统"（NGAD）和"F-X"项目的下一代空中优势平台遭遇不同程度的技术、资金、研制周期、采购等问题，未来战争样式的变化也将对新的空中优势能力形成十分不利影响的新形势下，美国空军意识到继续追求武器单一能力的方式不再适合未来空中优势的构建。2016 年 5 月美国空军在其发布的《规划》中，提出将摒弃仅发展"下一代"作战平台的思路，转而发展一套可跨空、天、网作战域，聚合电磁环境和地面/水面能力的网络化"系统簇"，在 2030 年左右获得 PCA 作战能力。

（二）PCA 应具备"能穿透 A2/AD 防御，执行打击与目指任务，实现体系化、网络化作战"的能力

由《规划》可以看出，PCA 实质是"战机进得去，信息出得来"。"战机进得去"是指在有地面防空系统、空中战斗机严密防卫的未来拒止战场空间中，美国空军战机能进入敌方空域进行作战；"信息出得来"是指战机作为传感器，可把从敌方搜集来的情报信息传递出去。PCA 执行的核心任务是"目标打击与目标指示"。打击是指战机能高效打击敌方的"眼和拳"——预警探测系统和防空武器系统，为后续武装力量清除障碍；目标指示是指战机具备网络节点的作用，能为美军作战网络中的其他单元提供敌方目标指示信息，进行联合作战。PCA 穿透方式可采用"软穿和硬穿"。"软穿"是指战机利用自身的高速性和隐身性，不被敌方识别，进入敌方空域。"硬穿"是指具备诱饵、电子战、反辐射等能力的飞行器或者飞行器集群强行突破敌方防线，通过低成本诱饵的饱和攻击和反辐射导弹的硬杀伤摧毁敌防空体系。

PCA 作战模式为"体系化、网络化"。PCA 是能满足未来空中优势的体系，可将其战机视为整个作战体系的"触角"，伸到战场最前方，探测敌方信息，为后方武器及后续作战决策提供情报支撑；同时也可视其为网络化作战的"传感器"，将获得的敌方信息及时、高效、不间断地传递给己方的其他作战平台。

二、PCA 概念下导弹武器新发展

为快速实现 PCA 能力，加大空中火力打击力度，美国空军一方面研发能配装在未来 PCA 战机上的新型高性能导弹武器。2017 年上半年，美国空军在提交参议院武装力量委员会的证词中首次披露"防区内攻击武器"（SiAW），该导弹将装备在 F-35 战斗机、B-21 轰炸机以及未来的 PCA/F-X 战斗机上，用于打击对手支撑 A2/AD 能力的关键地面或海面作战目标。空军还在研发用于未来战斗机的"小型先进能力导弹"（SACM）和"微型自卫弹药"（MSDM），并开发支撑这些导弹及其子系统的关键技术。另一方面，美国空军已秘密启动了新型远程空空导弹的研发项目——"远程交战武器"（LREW），其相关工作一直在美国国防部长办公室（OSD）下属的"能力融合与技术拓展"项目掩护下秘密进行，在 2018 财年预算文件中 LREW 设列在"新兴能力技术发展"项目下的一个模糊预算条目，预定研制周期超过 2 年，用于替换 AIM-120D 导弹。

此外，美国空军 2017 年首次披露在 NGAD 项目下新设立的"空中主宰空空武器"专项，开展相关概念研究、弹/机集成评估和技术风险降低活动，该武器可能是 AIM-9X"响尾蛇"和 AIM-120"先进中距空空导弹"的后继型号。

为了更好地支撑 PCA 能力，美国空军还在对已有导弹武器型号改进升级，大幅提升导弹武器性能。2017 年，美国空军授予洛克希德·马丁公司合同，改进"增程型联合防区外空地导弹"（JASSM-ER）的弹翼，以进一步增加导弹射程和隐身能力。2017 年，美国空军还组织"战略发展规划试验"小组开展 PCA、穿透型电子战（PEW）等未来空中优势装备的技术发展规划研究。

此外，美国空军还在发展下一代核空射巡航导弹。美国空军核武器中心授予了洛克希德·马丁公司、雷声公司"远程防区外武器"（LRSO）项目"技术成熟与风险降低"（TMRR）阶段合同，计划2022年前发展出下一代核空射巡航导弹，LRSO 导弹将配装 B-21、B-2A 和 B-52H 轰炸机，将能穿透先进的一体化防空系统并在其防区内生存，远距离打击战略目标，支撑美国空军战略威慑和全球攻击能力。

三、相关导弹武器装备发展分析

（一）适配 PCA 平台的导弹将向"小而强"方向发展

美国空军正在研发的 SACM 可能是美国空军实验室"未来制导炸弹/空地导弹"（GBU-X/AGM-X）概念与技术研究的成果，将用于 PCA 项目发展的未来战斗机。SACM 是一种小型、轻质、低成本的下一代空空导弹，具有超敏捷、大射程、挂载密度高、能跟踪和打击隐身目标等特点，作战性能与 AIM-120 中距空空导弹相当，但尺寸仅为后者的一半，该型导弹设想采用经济可承受导引头、超敏捷弹体、高密度推进剂装药的改进型固体火箭发动机、高比冲推进和抗干扰制导引信等技术，并综合气动、高度控制及推力矢量协同控制，可在不影响 PCA 平台隐身性能的情况下增加内埋弹舱的载弹量，增强战斗机的作战能力，挂载的数量比当前的 AIM-120 中距弹和 AIM-9X 近距弹更多，并利用 MSDM 对其进行补充，增强适配平台的自我防御能力。

同时，新透露的 SiAW 与 SACM 类似，具有更高的敏捷性，用于强对抗环境下的空中作战，将装备洛克希德·马丁公司的 F-35、诺斯罗普·格鲁曼公司的 B-21 轰炸机以及未来的 PCA/F-X 未来战机。SiAW 可由隐身飞机内埋挂载，采用开放式架构标准，可快速升级模块化导引头、制导段、战斗部段和推进段。

SACM 和 SiAW 的设计目标是用于 A2/AD 能力覆盖范围内的地、空、海域目标打击，使对手处于危险之中。这两型导弹均将采用数字化设计与制造，降低系统成本；将遵循开放式架构标准，可快速升级模块化导引头、制导、战斗部和推进系统；将采用光滑弹体，获得更高敏捷性，由未来 PCA 平台内埋挂载；可与海军及海军陆战队共同完成联合作战任务。

由此可见，适配未来 PCA 平台（战斗机）的导弹武器装备，将向"小而强"方向发展，具有小型化、内埋挂载、载弹量高的特点，使战机能高效打击敌方高价值目标，助力美国下一代飞机全部潜力的实现。

（二）其他（后方）平台或武库机配备的导弹将具备"穿透"能力，向"远射程、隐身、网络化"发展

目前，美国空军大量的现役战斗机隐身能力欠佳，穿透敌方防空网进行作战有一定难度，需要配备远程、隐身的导弹装备，实现防区外打击。目前，美国空军的远程隐身打击武器主要是 JASSM 系列导弹，增程型 JASSM-ER 导弹的射程超过基本型 JASSM 2.5 倍之多，采用红外导引头和增强数字干扰 GPS 接收机。此外，秘密开展的 LREW 尺寸较大，采用冲压喷气发动机动力和 AESA 雷达导引头，采用两级助推设计，可装备在 F-22 和 F-35 战斗机内埋式弹仓内，射程将远超 AIM-120D，配合 F-22 和 F-35 战斗机隐身优势，可在 PCA 作战中防区外打击敌方预警平台。可见，适配后方平台或武库机、具备"穿透"能力的导弹武器装备，将在防区外就能实现高效打击对手的能力。

（中国航天科工集团第三研究院三一〇所　苑桂萍　何煦虹）

从 DARPA 研究项目看精确打击武器及其技术发展

美国国防高级研究计划局（DARPA）作为美国国防部下设的一个研发机构，主要宗旨是"保持美国的技术领先地位，防止潜在对手意想不到的超越"。自 1958 年成立以来，DARPA 始终将精力放在未来颠覆性技术的探索上，现下设 6 个技术办公室，凭借其对前沿技术的高度敏感性和独立评估机制，孵化出了众多高风险、高收益的尖端科技项目。特别是近 10 年来，DARPA 联合美国各军种、实验室、高校、研究所、公司等，在高超声速武器等精确打击武器及其关键技术、作战概念等研究方面，连续推出了一系列研究项目，为美军抢占未来战争的"制高点"提供了大量技术储备。

一、典型精确打击武器研究项目

在高超声速打击武器方面，目前 DARPA 正与美国空军研究实验室联合实施"高速打击武器"（HSSW）项目，该项目分为吸气式高超声速武器概念（HAWC）和战术助推滑翔导弹（TBG）两部分，旨在全面推进高超声速打击武器实用化发展进程；同时还开展了"猎鹰"（Falcon）等高超声速飞行器项目和高超声速技术、"综合高超声速"（IH）等高超声速基础研究项目，支撑其长远可持续发展。

在进攻类导弹武器方面，开展了"远程反舰导弹"（LRASM）、"三类目标终结者"（T3）等重点导弹武器研究项目，推动导弹武器装备向多用途、智能化方向发展。

在防御类武器方面，重点依托"高能液体激光区域防御系统"（HEL-LADS）和"多向防御快速拦截交战系统"（MAD–FIRES）两项研究开展了防御类武器系统研究，新概念、低成本的反导武器系统将是未来防御武器的一个重要发展方向。

二、精确打击武器关键技术研究项目

在动力技术方面，近年来 DARPA 重点发展可提高飞行速度、射程和有效性的动力技术，利用推进科学等项目开展针对小型军事平台的推进系统定制化研究，基于 21 世纪推进剂等项目探索新型推进剂技术，并在支撑高超声速飞行器的动力技术方面开展"火神"（Vulcan）和"先进全速域发动机"（AFRE）等项目，逐步突破射程和速度瓶颈，以夺取新的战略优势。

在导航技术方面，大力发展自主导航技术，开展了包括"定位、导航与授时微技术"（Micro–PNT）、"对抗环境下的空间、时间和方向信息"（STOIC）、"适应性导航系统"（ANS）、"深海导航定位系统"（POSYDON）等项目，以摆脱长期以来对 GPS 的依赖；还开展了旨在提高相关导航器件精度的一系列项目研究。

在制导技术方面，主要开展了"导引头成本转换"（SECTR）项目，旨在研制、设计、集成并验证小尺寸、轻质量、低功耗和低成本（AWaP–C）导引头，在进入强对抗环境中，能够利用成像传感器进行目标识别、定位和瞄准。

在探测与侦察技术方面，主要开展了"适应性雷达对抗"（ARC）、"视频合成孔径雷达"（ViSAR）、"跨域海事监视及瞄准"（CDMaST）、"战术侦察节点"（TERN）、"强对抗环境下目标识别和适应"（TRACE）等项目，并结合太赫兹、量子、人工智能等前沿技术，实现智能感应与目标识别。

在材料技术方面，开展了"从原子到产品"（A2P）、"微结构可控材料"（MCMA）、"能量转换材料"（MATRIX）、"延伸固体"（XSolids）、"作战平台材料开发"（MDP）、"材料合成的局部控制"（LoCo）等项目，并将相关研究成果应用于发动机、蒙皮、集成电路等，为精确打击武器的发展提供支撑。

此外，还投入大量精力在以增材制造技术为核心的先进制造技术领域，开展了"开放制造"（Open Manufacturing）和"微工厂"（Micro Factory）项目。

近年来，DARPA重点发展了"蜂群"作战和分布式空战等一系列新的作战概念及技术，包括"小精灵"项目（Gremlins）、"进攻性蜂群战术项目"（OFFSET）、"体系集成技术与试验项目"（SoSITE）、"拒止环境中的协同作战项目"（CODE）、"分布式作战管理项目"（DBM），将对未来精确打击武器产生重要影响。

三、评述分析

（一）DARPA高度重视精确打击武器及关键技术领域创新布局，兼顾当前与长远发展

DARPA高度重视以先进国防技术为核心的国防创新工作，近年来在精确打击武器及关键技术领域推出一系列重点研究项目。DARPA 开展的大多数项目属于创新研究，一般持续时间不长。但从精确打击武器及关键技术领域的项目发展来看，有的如 HELLADS 等项目持续 10 年以上，HAWC 等项目可能会到 2030 年之后才能真正投入应用，这表明 DARPA 对新概念武器和可能影响未来作战实用的重大技术问题高度重视，在精确打击武器及关键技术领域已做好当前与长远布局，持续、有序地推动相关技术的不断发展创新。

（二）DARPA 加大人工智能/自主技术探索，促进武器装备和军用系统智能化发展

作为"第三次抵消战略"的重要能力支撑，美国特别重视人工智能/自主技术的超前部署与重点培育，确保在空中、海上、地面、太空和网络空间等作战域内的优势，加快人工智能/自主技术向武器装备的转化进程。为此，近些年 DARPA 加大人工智能/自主技术的探索，在智能目标识别、自主导航、智能感应等领域开展了多个项目研究。智能目标识别领域，重点开展 TRACE、SECTR 等项目，可在强对抗环境下对目标进行识别。自主导航领域，重点开展 Micro–PNT、STOIC、ANS 等项目，大力发展不依赖 GPS 导航的先进导航技术，改善定位、导航和授时性能。智能感应领域，重点开展"适应性雷达对抗"（ARC）等项目，利用深度学习技术有效规避敌方雷达探测。不断成熟的人工智能/自主技术将成为提升导弹武器作战效能的重要手段，加快武器装备的智能化发展。

（三）面向实战化，DARPA 持续开展高超声速打击武器技术，全面推进高超声速打击武器发展进程

近年来，随着主要对手"反介入/区域拒止"能力的提升，尤其是俄罗斯、中国在高超声速武器技术领域取得快速进展，美国担忧其在相关装备及技术领域的绝对优势被挑战。美国高超声速技术经过半个多世纪的发展，在推进、控制、材料技术等方面的技术成熟度已达到一定水平。目前，面对实战化应用需求，DARPA 重点探索高超声速武器和执行情报、监视、侦察使命任务的高超声速飞机，并持续推动高超声速武器化关键技术的成熟及完成飞行演示验证，为后续进一步发展性能指标更为先进的高超声速导弹奠定基础。

（四）DARPA 推动颠覆性技术发展，将可能改变未来战争的游戏规则

DARPA 作为美国国防重大科技攻关项目的组织、协调、管理机构，主要负责高风险、高回报的基础性与应用性研发项目，致力于为美国国防部增强未来军事能力"提供技术解决方案"与充当"技术引擎"，以继续维持美国的军事与技术优势。美军提出的"分布式作战"和"蜂群"等新型作战概念，推动了 LRASM、TERN 等相关项目的部署，可能带来作战方式的颠覆性改变，体现出很强的前瞻性与创新性。颠覆性技术的应用可实现武器装备非连续、超常规、跨越式发展，将对传统战争带来颠覆性效果，可改变未来战争的游戏规则。

（中国航天科工集团第三研究院三一〇所　吴洋　葛悦涛　张冬青）

协同作战武器系统发展分析

从近年的几次局部战争来看,现代战争的作战重心开始由谋求火力优势为主转向谋求信息优势为主。随着先进探测技术、防御技术的发展,单枚精确制导武器已难以对严密设防的目标进行有效打击,充分利用体系信息,运用多枚或不同类型精确打击制导武器构成弹群,以协同作战方式进行攻防对抗已成为主要研究的作战样式。当前研究和探索中的体系化、自主化、分布化的武器协同作战技术的发展,给精确制导武器协同作战进一步发展指明方向。

武器协同作战系统以网络为中心,在高效协同策略和先进传感器的支撑下,将信息优势发挥到最大,对网络中各协同作战单元的资源进行聚合,发挥整体的作战效能,从而获得体系对抗优势。近年,以美国为代表的军事强国积极推进协同作战系统的发展,不断加大资金和技术投入,推动相关项目的飞行试验及技术验证,其协同作战系统呈现出体系化、自主化、分布化的发展趋势。

一、协同作战技术逐渐成体系化发展

目前协同作战技术的研究以突破关键技术为主,以美国为代表的军事强国近年来正在从体系层面加强对协同作战技术发展的牵引,典型代表项目有"忠诚僚机"项目、体系集成技术及试验(SoSITE)项目等。

(一)"忠诚僚机"项目当前重点验证自主伴飞和自主任务规划能力

2015 年,空军研究实验室(AFRL)正式启动了"忠诚僚机"的概念研究项目,寻求有人机—无人机编队作战的能力(图1)。僚机作战角色为:充当武器发射平台,对有人长机指定目标发动攻击;对无人机感知到的目标实施打击;为有人长机吸引防空火力并摧毁威胁目标;实施防区外干扰;作为"情报、监控和侦察"(ISR)的信息融合节点。根据"忠诚僚机"2020—2022 财年自主技术无人机集成验证计划公告,2020 财年主要研究防空力量较弱对手的对地攻击场景;2022 财年主要验证有人—无人"忠诚僚机"编队对敌方防空系统的压制能力。

图 1 美国空军 F-16 与 F-35A 战斗机在佛罗里达州的
劳德代尔堡进行编队飞行

针对"忠诚僚机"计划的验证目标,飞行试验分为两个阶段。首先,臭鼬工厂在 2015 年实施了"突袭者Ⅰ"(Have Raider Ⅰ)阶段的飞行试验,主要验证先进飞行器控制的自主权。飞行试验由美国空军试飞员学校(TFS)和卡尔斯潘公司承担,利用集成了自主飞行控制功能的可变稳定性飞行模拟试验机(VISTA)模拟一架无人机,同时利用一架 F-16 Block50 战斗机作为长机。测试过程中,研制人员分别从飞行器的角度和从长机向无人机下达指令的角度,测试了不同类型的指挥和控制模式,逐步增加无人战斗机的自主权(图 2)。此次试验验证了自主编队飞行、航线跟随、重新加入编队和空中防撞等功能。2017 年 4 月 10 日,洛克希德·马丁公司首次公布了其在有人/无人编队技术验证试飞中取得的最新进展。臭鼬工厂与美国空军研究实验室通过为期两年的研究,突破了现役 F-16 战斗机改装为无人战斗机(UCAV)的技术及编队控制、故障诊断决策等关键技术,使其不仅可以在无人驾驶状态下,完全自主地与长机组成编队,还能够响应不断变化的战场环境,自动应对性能故障、航线偏离和通信中断等意外情况。一系列试验结果表明,自动空中防撞系统(Auto ACAS)已经日趋成熟,在此基础上,研制人员开始考虑如何有效实现 Auto ACAS 与自动地面防撞系统(Auto GCAS)的技术集成,发展出综合自动防撞系统(Auto ICAS)。

图 2　VISTA 试验机模拟一架 UCAV,验证了先进飞行器控制的自主权

在此基础上，臭鼬工厂在 2017 年 3 月又着手实施了"突袭者 Ⅱ"（Have Raider Ⅱ）阶段的飞行试验，重点从作战管理角度定义自主权，即验证 VISTA 试验机的自主任务规划能力。作为一架僚机，VISTA 试验机可以根据操作人员提供的优先级来优化对地攻击任务，以实现总体任务目标。为了提供最大的灵活性和实现先进的自主能力，VISTA 试验机采用了开放式任务系统（OMS）架构，可以快速地将新的软件模块嵌入到系统中。臭鼬工厂按照 OMS 软件标准，将一个附加的辅助处理器集成到 VISTA 试验机上，以承载自主作战管理算法。辅助处理器与 VISTA 试验机飞行控制计算机之间采用了通信网关，允许自主任务规划系统与"突袭者 Ⅰ"阶段增加的各种先进飞行器控制功能协同工作。与此同时，臭鼬工厂还评估了自主作战管理系统的动态再规划能力。研制人员正在探索适应于不同任务的执行能力，即无人战斗机在发现一个突然出现的地面威胁时，会自动地重新规划任务，以尽量避免暴露于威胁中，同时仍然能实现任务目标。

（二）体系集成技术及试验——SoSITE 项目

体系集成技术及试验项目（System of Systems Intergration Technology and Experimentation，SoSITE）由 DARPA 于 2015 年公布，该项目的最终目标是将有人战机作战能力分散到大量各类小型平台上，通过平台间数据共享、多机组网、协同配合及平台不同任务模块的即装即用、无缝链接，进而形成分布式的空中作战体系，如图 3 所示。其中，有人战机充当指控平台在敌防空火力外巡弋，空中运载平台释放配备有情报、监视、侦察、干扰系统的无人机/导弹集群突入敌防空区，并向己方战机发回目标信息，同时实施近距干扰；机载计算机结合信息，给出若干作战方案，供飞行员决策；随即，大量低成本的武器展开"蜂群"式攻击，有一些"漏网之鱼"可突破防御，摧毁地面雷达，打开通道让己方空中力量通过。这种高适应性、战法多变的体系化作战，使得现阶段传统防御能力面临巨大挑战，迫使防御方需及时、准确辨别威胁类型，避免将最具价值的防空能力消耗在威胁较小的目标之上。

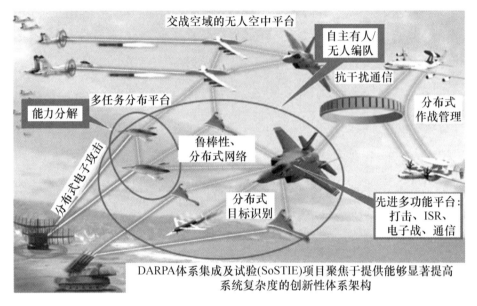

图 3　DARPA 体系集成技术和试验项目概念图

SoSITE 具体目标包括：①在无人和有人平台之间分配杀伤链功能，权衡功能与费用；②基于开放系统架构，将先进任务系统快速集成到有人和无人平台；③作战人员可以干预、优化分配效果；④保持系统多样性，避免因过于单一导致体系脆弱或适应性低。

图 4 将现有作战模式与 SoSITE 作战模式进行了对比。在目前作战模式下，1 架预警机与 3 架有人机协同作战，每架战斗机都具有电子战、雷达探测/成像能力，同时携带作战武器。而在 SoSITE 模式下，仅有 1 架有人机和 1 架无人机在预警机指挥下执行任务。有人机与无人机协同作战，具备电子

战、雷达探测/成像能力及杀伤武器可在无人机平台发射,而并非将所有能力整合在一个平台上,这将大大增加作战效费比。

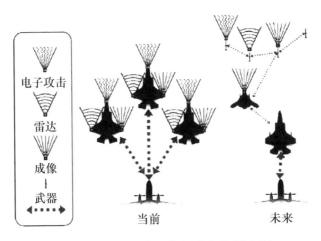

图 4 SoSITE 项目分布式空战概念图

SoSITE 项目聚焦于发展分布式空战的概念、架构和技术集成工具。这个概念将利用现有航空能力,使用开放式架构在各种有人和无人平台上分散关键的任务功能,如电子战、传感器、武器、战争管理、定位导航授时以及数据/通信数据链等。同时,该项目采取的开放式架构为组件和平台提供了统一标准和工具,如有需要可以进行快速的升级和替换,从而避免研发全新航空系统,降低成本、缩短周期。

2016 年 8 月,美国空军研究实验室授予洛克希德·马丁公司合同,进行 SoSITE 项目第 2 阶段的开发,标志着项目进入了整合验证阶段。在该阶段,将开发体系架构,验证如何将快速发展的任务系统整合进该架构中,验证架构的作战有效性与鲁棒性。

(三) 协同作战系统体系化发展过程中涉及的关键技术

"忠诚僚机"项目中,多项关键技术取得突破,通过两次飞行试验,分别验证了自主编队飞行、航线跟随、重新加入编队和空中防撞等技术和自主任务规划技术，目前正在推进空中防撞与地面防撞的有效集成、动态任务重规划等技术的研发。

SoSITE 项目所涉及的关键技术主要有分布式作战管理、分布式目标识别、分布式电子攻击、自主有人/无人编队技术等，这些技术的研发将进一步提升多平台的体系化作战能力，提高其系统开放式架构的适应性与鲁棒性是进一步研究的重点。

二、协同作战功能呈现分布化

在美国军方主导下，美国各大军工集团和高校开发的协同作战系统呈现出分布化、低成本的发展趋势。通过协同作战技术能够将单个系统复杂、造价昂贵、功能齐全的作战平台"化整为零"，分散到大量低成本、功能单一的作战平台中，通过大量异构、异型的个体来实现原来复杂的系统功能，实现功能和性能的统一。协同作战群体具有"无中心"和"自主协同"的特性，部分个体失去作战能力不影响其整体性能的发挥，通过体系生存率的方式提高其抗毁伤能力。典型代表项目有"小精灵"项目、低成本无人机集群技术项目、"山鹑"项目等。

（一）分布式低成本无人机群研究项目——"小精灵"项目

"小精灵"（Gremlins）项目计划于 2019 年开展空中机载发射和多架无人机回收的飞行演示验证。"小精灵"项目于 2015 由美国国防高级研究计划局（DARPA）发布了招标公告。"小精灵"无人机群将在人类最少介入的情况下，合作执行侦察、信号情报、电子战或其他作战任务。该项目依靠齐射大量相对便宜的无人机对敌防御系统进行饱和攻击。当任务完成后，幸存的无人机将飞离战场前线,在空中由 C-130 运输机或其他类型飞机完成回收。图 5 给出了基于"小精灵"的作战样式变化示意图。

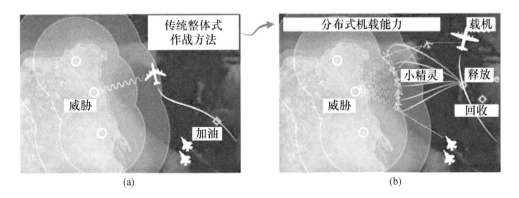

图 5 基于"小精灵"项目的作战样式变化

"小精灵"项目研究周期为 4 年左右,分成三个研究阶段。2016 年 3 月,DARPA 向复合材料工程公司、Dynetics 公司、通用原子航空系统公司(GA-ASI)和洛克希德·马丁公司授予了"小精灵"无人机集群项目第一阶段合同,主要进行概念验证,研究内容包括发射和回收技术、低成本设计和风险降低。第二阶段是项目制造和验证的起点,DARPA 在评估四家承包商的第一阶段成果的基础上,选择第二阶段的承包商,开展技术成熟和风险降低工作。2017 年 6 月,Dynetics 公司和通用原子航空系统公司已经获得为期一年的第二阶段合同,完成全尺寸技术验证系统的初步设计发展,根据上述性能指标定制的低成本喷气动力无人机。2018 年,DARPA 计划选择一家承包商开展为期一年半的第三阶段工作,制造验证系统并在 2019 年开展实际飞行试验。

"小精灵"系统的生存性能不是围绕单架无人机能否存活,而是取决于系统中可存活的无人机总数量。"小精灵"项目的成本目标是每架无人机单次飞行任务成本低于 70 万美元,载机单次飞行任务成本低于 1000 万美元(理想目标是降至 200 万美元以下)。

分布式空中作战概念将影响美军空中作战装备的发展思路,美军未来大功能有人平台的装备有可能减少。与低成本无人机、巡航弹等相关的关键技术将得到重视,航空装备体系中将出现越来越多的低端平台。高性能小型机载设备和武器技术有可能成为未来航空装备体系发展的重要抓手。先进的人工智能算法和软件将为空中作战能力的提升做出重要贡献。"小精灵"项目是 DARPA 探索分布式空中作战技术的重要项目,值得高度关注。

(二)低成本无人机集群技术项目(LOCUST)

2015 年 4 月 16 日,美国海军研究办公室(ONR)公布了低成本无人机集群技术(LOCUST 缩写意为蝗虫)项目,将进行一系列集群无人机技术验证工作。

LOCUST 项目将研制一种管式发射装置将大量无人机快速连续发射至空中,无人机之间可进行信息共享,在进攻或防御任务中实现自主协同工作。这种发射装置和紧凑型无人机体积较小,可在舰船、战术车辆、飞机或其他无人平台上发射。LOCUST 可发射大群自主式无人机淹没敌人,为海军提供优势。

美国海军研究办公室于 2015 年 3 月在多个地点开展了演示验证工作,包括发射可携带不同任务载荷的"丛林狼"(Coyote)无人机(图 6、表 1),完成了 9 架无人机完全自主同步和编队飞行的技术验证。2016 年,进行了舰载快速发射 30 架无人机的试验演示验证,试验的 LOCUST 自主性远超过当前的遥控无人机。但在任务中一直有人工监视,如有需要随时可以人工介入控制。试验实现的自主集群程度是前所未有的。

图 6 "丛林狼"无人机

表 1 "丛林狼"无人机技术指标

作战半径	37 千米（视线内）	最大发射质量	6.4 千克
续航时间	1.5 小时	最大载荷	1.8~2.7 千克
最大飞行速度	157 千米/小时	机身长度	0.79 米
巡航速度	111 千米/小时	机身高度	0.3 米
失速速度	932 千米/小时	翼展	1.47 米
工作高度	150~365 米	发动机数量	1 个
升限	6095 米	发动机直径	0.33 米

LOCUST 无人机单价仅为 1.5 万美元，不考虑回收，可灵活配置载荷，可部分解放有人驾驶飞行器和传统武器系统，使其去完成更复杂的任务，也可减少复杂任务所需的人员，降低了作战人员面临的风险。此类低成本无人机，将迫使敌方应对集群无人机的新威胁。

LOCUST 无人机采用 6 联装气体弹射发射装置，以减少无人机受到的应力，当前目标射速是 30 秒发射 30 架无人机，美国海军期望通过降低无人机结构质量，使射速达到 6 秒发射 30 架无人机。

（三）基于"山鹑"微型无人机的"蜂群"飞行演示

"山鹑"无人机（图7）由美国麻省理工学院于2011年研制，由凯芙拉合成纤维和碳纤维通过3D打印而成，其中机翼采用碳纤维材料，机身采用低阻力玻璃凯芙拉纤维，由锂离子聚合物电池供电，重量极轻、体积小（与手机大小相近）、价格低廉，具备明显的经济可承受性，可利用数量优势，使敌方跟踪系统达到饱和并增加敌防空系统识别难度。

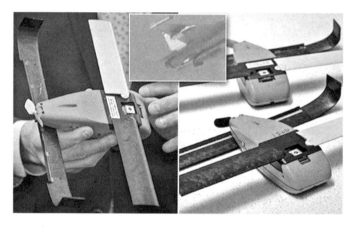

图7 "山鹑"无人机

2015年6月，在阿拉斯加举行的北方利刃军演中，F-16战机进行了72次通过曳光弹投放器投放大量"山鹑"无人机的试验。2016年10月，美军在加利福尼亚州中国湖试验场进行了规模最大的一次无人机"蜂群"飞行演示，3架F/A-18F"超级大黄蜂"战斗机在马赫数0.6的速度下，利用外挂的投放装置连续投放103架"山鹑"无人机。通过机间的相互通信，实现了自修正和自适应编队飞行，体现出了无人机集群无中心化、自治化的特点。目前"山鹑"无人机集群已经获得美军订单，并将被部署到敏感地区执行巡逻任务。

（四）分布式协同作战系统所涉及的关键技术

"小精灵"项目涉及的关键技术包括空中发射回收技术、自动发射波次策略、高精度数字式飞行控制、小型分布式有效载荷集成、相对导航技术、编队无人机定位技术、模块化载荷能力等。

低成本无人机集群项目所涉及的关键技术主要有全自主同步编队飞行技术、快速气体弹射发射技术等，其中全自主同步编队飞行技术已经通过飞行试验验证，目前的技术研发重点在于如何实现更快速的气体弹射发射并完成编队。

"山鹑"项目所涉及的关键技术主要有集群条件下的多无人机通信技术及自适应编队飞行技术等，从其飞行试验来看，该项目关键技术的技术成熟度已经较高。

三、协同作战系统自主化程度日益提高

人工智能、智能传感器等技术的飞速进步，为协同作战系统的自主化发展提供了一定的基础条件。以美国为代表的西方军事强国也在此方面不断探索，进行了一系列的技术验证，力争尽快提高协同作战系统的自主化程度，进一步减少人的介入程度，提高所能完成任务的难度，提高适应战场环境的能力，提高集群主动决策能力，提高集群的协调配合能力。

（一）"阿尔法"人工智能软件植入第四代战机

在"忠诚僚机"项目中，除臭鼬工厂进行的飞行测试外，美国空军研究实验室在近年来一直在着手研制新的计算机算法，为第四代战斗机（如F-16）"植入"人工智能，力求让无人"战隼"可以完全自主地协同飞行。2016年6月27日，美国辛辛那提大学的官方网站刊登的一条消息称，

该校在遗传模糊系统的应用方面取得了重大突破,研制的"阿尔法"人工智能软件已经通过了专家评估,并在空战模拟器当中击败了有着丰富经验的美国空军退役上校吉恩·李(图8)。

此次人工智能程序在模拟空中对抗中完胜美国空军的王牌飞行员,表明"阿尔法"已经具备了实际空战的潜能,有望成为"忠诚僚机"的大脑,将会对未来空战模式产生重大影响。

图8 美国空军飞行员与"阿尔法"系统在模拟环镜中进行对抗

(二)4架无人机自主协同战胜8架F-22战斗机

2017年4月,美军对多无人机协同的作战能力进行了一次验证。使用一架大型有人隐身飞机与4架中型无人机协同,与有预警机支持的8架F-22战斗机空战,取得了0∶8的战损比,震惊各界。F-22为美军顶配隐身战斗机,在敌我数量2∶1的模式下以0∶8惨败,说明了无人机自主化协同作战的优势,多无人机的自主协同能够大大提高空战能力甚至改写空战模式。

(三)美国麻省理工学院验证自主分布式编队控制算法

2016年5月16日至21日,机器人与自动化国际会议(ICRA)在斯德哥尔摩举行。会上，麻省理工学院（MIT）计算机科学与人工智能实验室（CSAIL）的研究团队展示了其在分布式自主编队控制方法中取得的最新进展。

为验证该分布式自主编队控制算法，MIT CSAIL 团队采用 4 架四旋翼无人机编队飞行进行仿真（图9），仿真环境中设有 1 个动态障碍和 3 个静态障碍，目标是躲避所有动态和静态障碍且维持编队实现绕圈飞行，过程中无人机实时感知环境变化，并据此做出决策进行队形调整。

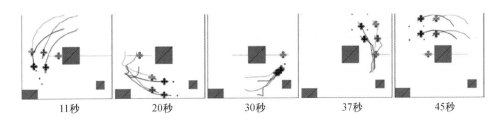

图9 4架无人机编队避障的分布式控制算法仿真结果（俯视图）

该团队将分布式编队控制方法应用于同时控制多达 16 架无人机的编队避障飞行，并进行仿真，如图 10 所示。

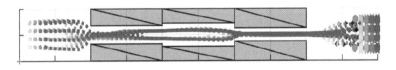

图10 16架无人机编队避障的分布式控制算法仿真结果（俯视图）

与集中式编队控制方法相比，该分布式方法在计算过程中让无人机仅与临近无人机在无障碍区域进行信息分享，仅将安全区域交集传递给下一临近无人机，大幅降低所需通信带宽和计算成本。据该团队介绍，该分布式编队避障控制方法将应用于集群无人机编队飞行，执行监控、绘制地图等任务。

（四）协同作战系统自主化发展所涉及的关键技术

从上述技术验证过程来看，协同作战系统自主化发展所涉及到的关键技术主要有自主决策技术、信息融合技术、态势判断技术等。此外，人工智能技术的应用可能大幅提高协同作战系统的自主化程度，自主化会是未来协同作战技术的重要发展方向。

四、结束语

协同作战作为未来高技术战争中一种重要的作战思想，其作战效能已经在近几年来发生的几场局部战争中得到了充分显示。协同作战系统的发展正呈现出体系化、分布化、自主化的发展趋势，未来将实现多方作战力量无缝地融合、协调、同步，从而形成具有快速反应、精确打击和协同作战等功能的综合作战系统。

（中国航天科工集团第三研究院三部　郭宏达）

美国陆军导弹群同步交战技术发展研究

美国陆军 2017 年 6 月 22 日发布"导弹群同步交战技术"方案征集书，拟在 2024 年前实现导弹群同步交战的能力。导弹群交战技术对于敌方集群目标和/或分散目标精确打击、多弹协同控制、人在回路监测自主末段交战、固定和移动的硬/软目标打击等至关重要。美国陆军称该技术可解决防区外导弹无法对抗敌方集群目标问题，是实现机器人自主系统、有人—无人编队作战的关键使能技术。

美国和俄罗斯早期就提出过一些多导弹协同作战的观念和方法，如美国"网火"系统概念和俄罗斯 П700 花岗岩超声速反舰导弹多弹协同打击航空母舰战斗群战术。面对"蜂群"作战的挑战，近些年多导弹协同问题再次受到美国的重视。

一、导弹群同步交战系统方案

（一）导弹群同步交战系统架构组成

导弹群同步交战系统采用模块化设计，可与地面、空中、海上平台集成，通过人在回路监测自主末段交战，以超出人类反应极限的速度，同时指挥多个分散目标的探测和打击,并用于各种跨域任务。导弹群同步交战系统概念架构包含以下4项基本元素:①可从现有传感器系统快捷接收目标位置数据的能力;②可全面处理传感器数据融合、火力控制和空域管理的指挥控制系统;③具备先进图像处理能力的(目标探测、分类和自动跟踪)模块化多联装巡飞弹;④具备多导弹安全通信的双向数据链,可监督导弹的自主末段交战过程,支持弹间通信以共享态势感知信息。

(二)导弹群同步交战系统作战流程

导弹群同步交战系统核心是构建指挥控制/火力控制方案,基本作战流程如下:①利用各种"情报、监控和侦察"(ISR)传感器系统(包括小型无人机系统)探测、识别和跟踪敌方威胁目标;②根据导弹群同步交战系统的指挥控制/火力控制子系统获得的传感器数据,精确定位目标,生成飞行路线航迹点,并发射适当数量的导弹;③导弹按照实时更新航迹点导航到目标点;④一旦目标进入导弹的探测范围,弹载光电/红外图像处理传感器会自动探测、识别目标,然后锁定并跟踪、接近目标,操作人员通过交互式集成显示器监控打击效果,并指挥部分导弹中止任务或重新选择目标。

二、导弹群同步交战系统涉及的关键技术

导弹群同步交战系统是新兴系统概念,涉及的关键技术包括如下。

(一)导弹群同步交战系统架构技术

导弹群同步交战系统架构采用模块化套件结构,同时指挥导弹攻击多个分散的目标,并以人在回路的方式监控导弹末段自主交战效果。该系统架构需符合以下要求:系统套件尺寸、重量和功率可满足在陆军地面作战车辆或更小的车辆上集成的要求;采用模块化的多联装发射器设计方案,

构建配套的指挥控制/火力控制系统，可根据平台或任务需求进行调整，能够处理 2~20+ 枚导弹。考虑演示验证的实际情况，可兼容的全备弹弹径不大于 152.4 毫米、弹长不大于 1.27 米、质量不超过 31.75 千克，巡航速度范围为 160.9~241.4 千米/小时。

（二）指挥控制/火力控制技术

具备生成和维护"通用战术空中图像"（CTAP）的能力，可使用美国军用标准–2525 接受来自一系列平台传感器的反馈；针对多个同时进行的交战任务，可执行任务规划并初步建立武器—目标配对；创建目标状态评估，并确定拦截航迹点；能根据地形和禁飞区提供实时更新航迹点；通过集成显示器和直观的用户界面，支持单个操作人员在线监督和控制多枚飞行中的导弹，具备在末段交战之前命令导弹复飞和为飞行中导弹重新进行动态任务规划的能力。

（三）导弹自主协同/末段交战技术

执行自主多目标捕获和跟踪算法，包括分类、简化目标表示和瞄准点选择；在易于多弹共享的通用坐标系中同时进行多目标跟踪；分布式多武器情报通信架构；具备有效进行飞行中武器—目标分配和末段交战的自主化协同作战能力。

（四）多导弹数字数据链路及支持组件技术

数据链的波形和网络架构能够支持在至少 25 千米范围内控制 20 枚以上的导弹，且具有动态配置的全动态视频，指挥控制带宽 1625~1725 兆赫，1750~1850 兆赫，2010~2100 兆赫；网络架构需支持用于共享态势感知、目标重新分配、相对定位和/或通信中继的导弹间通信。

（五）不依赖全球定位系统（GPS）导航技术

用于 GPS 拒止/降级环境的替代导航系统，采用诸如小型先进惯性传感器、GPS 接收机和 GPS 抗干扰系统，基于图像的传感器和算法，射频测距以及任何其他新兴传感器和传感器融合策略等技术，用于支持导弹群同步交战系统跟踪目标。

（六）导弹群同步交战系统模拟技术

能够高保真模拟来自导弹群同步交战系统成像传感器的背景与目标场景。模拟功能需要生成适合的空间分辨率，光电和/或长波红外光谱地形数据，以用于自主和末段交战场景。需要模拟精确飞行轨迹、六轴姿态控制、导航、平台间以及平台与和地面间通信数据链路带宽/质量、目标接近的范围等。关注的技术包括实时和非实时的全数字仿真以及"人在环路"（HWIL）的模拟。数字仿真和 HWIL 模拟都要求同时至少 6 枚飞行中导弹，理想情况达到 40 枚导弹。另外，还需关注构建空间与光谱属性、3D 地形与特征细节的地形数据库能力和构建目标的能力。

三、结束语

导弹群同步交战系统聚焦于整个作战任务中的多导弹自主规划、自主协调等关键技术，引入了智能化巡飞弹，实现自主化的迅速精确打击集群敌方目标和/或分散敌方目标的能力。与现有的导弹作战系统相比，导弹群同步交战系统可在危险任务环境中执行更复杂的作战任务，可快速响应战场环境的变化；将降低作战人员在认知方面的工作负荷，使之能够专注创造性和复杂的规划和管理任务。导弹群同步交战系统将成为未来导弹发展的重要方向。

（中国航天科工集团第三研究院三一〇所　李磊　宋怡然）

高马赫数涡轮发动机发展综述

高马赫数涡轮发动机具备零速启动能力,在飞行马赫数3.5以下的比冲性能优于冲压发动机,能为更高速度飞行器提供动力,是涡轮发动机技术的重要发展方向。2017年,世界各国加快推进高超声速飞行器技术的发展,高马赫数涡轮发动机已成为发展具备水平起降、可重复使用能力高超声速飞行器的重要支撑。

一、国外高马赫数涡轮发动机发展情况

(一)飞机用可重复使用高马赫数涡轮发动机

20世纪50年代起,对可重复使用高马赫数涡轮发动机技术进行了一系列研究和应用探索。军机领域,装备普拉特·惠特尼公司J58发动机的SR–71"黑鸟"侦察机和装备通用电气公司YJ93发动机的XB–70超声速战略轰炸机均实现了马赫数3.0以上的飞行;民机领域,罗·罗公司为"协和"超声速客机研制了奥林巴斯593发动机,通用电气公司、普拉特·惠特尼公司为巡航马赫数2.7的超声速运输机分别研制了GE4发动机、

JTF17A-21 发动机。

2000 年，为解决高超声速飞行器采用火箭发动机起飞加速存在的成本高、难以实现重复使用及水平起降的问题，美国开展了"革新涡轮加速器"（RTA）研究，研究马赫数 4.0 以上量级高马赫数涡轮发动机。艾利逊公司、通用电气和普拉特·惠特尼公司承担中等尺寸 RTA 研究，艾利逊公司与威廉姆斯国际公司承担小尺寸 RTA 研究。其中，通用电气公司提出了以 YF120 变循环涡扇发动机与马夸特公司 RJ43-MA-3 冲压发动机为基础的方案。

由于中等尺寸 RTA 技术难度大、研究经费投入大，RTA 后续研究由"多用途经济可承受先进涡轮发动机"（VAATE）计划下的"高马赫数涡轮发动机验证机"（HiSTED）项目接替，继续开展马赫数 4.0 以上高马赫数涡轮发动机技术研究与验证。

（二）弹用一次性使用高马赫数涡轮发动机

为了发展超声速巡航导弹用的一次性使用高马赫数涡轮发动机，美国在 20 世纪 80 年代通过"小发动机部件技术"（SECT）项目对一次性使用高马赫数涡轮发动机部件技术进行了深入研究，在 20 世纪 90 年代通过"综合高性能涡轮发动机技术"（IHPTET）计划开展了一次性高马赫数涡轮发动机研究。

1991 年，艾利逊公司马赫数 3.5 一次性高马赫数涡轮发动机在模拟马赫数 3.5、高度 27 千米条件下开展了高空台试验。2004 年，美国实施了时敏目标远程打击导弹项目，发展基于一次性使用高马赫数涡轮发动机为动力的超声速导弹。时敏目标远程打击导弹在尺寸、外形和重量上继承现役巡航导弹，采用机载空射，弹重 816 千克，有效载荷 267 千克，由涡轮发动机从亚声速自主加速到马赫数 3.0，射程 540~720 千米。时敏目标远程打击导弹舰射/潜射型方案采用垂直发射，弹重 1542 千克，有效载荷 340 千克，可以马赫数4.0的速度巡航15分钟。洛克希德·马丁公司时敏目标远程打击导弹采用艾利逊公司马赫数3.5一次性高马赫数涡轮发动机YJ102R为动力。

当前，美国正开展远程超声速巡航导弹用一次性高马赫数涡轮发动机（STELR）的研发工作。远程超声速巡航导弹设计射程为5500千米，采用核战斗部，具备远程甚至洲际弹道导弹的威慑能力。该发动机继承了"高速涡轮发动机验证"（HiSTED）项目技术，最大工作速度达到马赫数3.2，已完成了马赫数2.5条件下长时间高空试验。

二、国外高马赫数涡轮发动机典型方案

（一）XB-70战略轰炸机用YJ93发动机

YJ93涡轮喷气发动机为单转子加力涡喷发动机，由压气机、主燃烧室、两级涡轮、加力燃烧室、收敛—扩张喷管组成，设计起飞推力12.446万牛。12级压气机采用进口可调导叶设计，前3级和后5级采用可调静子设计；达到马赫数2后，后5级可调静子打开，以减小压比并增加发动机空气流量。主燃烧室的32个喷嘴采用全气膜短环形设计。为了在整个包线内高效工作，YJ93采用连续可调的加力燃烧室与排气系统，加力燃烧室出口温度范围为1060~1782℃，可长时间连续工作。

（二）SR-71侦察机用J58发动机

J58发动机为单转子加力涡喷发动机，由压气机、主燃烧室、两级涡轮、加力燃烧室、收敛—扩张喷管组成，设计起飞推力达13.88万牛。9级压气机采用进口可调导叶设计。采用对流冷却气冷涡轮，涡轮转子进口温度超过1121℃，加力燃烧室温度超过1760℃。喷管为引射喷管，喉部面积

连续可调。

J58 发动机采用旁路放气设计，在压气机中间级布置放气管路，发动机大部分空气由此绕过压气机后面级与涡轮，直接进入加力燃烧室。打开放气旁路，由于压气机叶片攻角更加合适，后面级流量减小，共同工作线向下偏移，喘振线左移，超声速巡航时喘振裕度增加25%。采用放气旁路后，发动机空气流量增加22%，净推力增加19%。采用放气旁路设计的J58 发动机安装推力较传统涡轮喷气发动机增加了47%，且巡航飞行状态的燃油经济性改善了20%。

（三）超声速民航客机用 JTF17 发动机

JTF17 发动机为双转子外涵道加力涡扇发动机，低压转子由两级风扇、两级涡轮组成，高压转子由 6 级压气机、单级涡轮组成，设计起飞推力达 27.1 万牛。JTF17 发动机设计压比 11.9，涵道比 1.3，采用了 J58 发动机喷管技术，起飞、加力过程涡轮前温度 1260℃、加力燃烧室出口温度 1704℃，巡航状态涡轮前温度 1204℃、加力燃烧室出口温度 1093℃。

（四）并联涡轮基组合循环用 RTA–1 发动机

RTA–1 发动机为双转子、双外涵变循环加力涡扇发动机，主要继承了通用电气公司 YF120 发动机技术，低压转子由单级风扇和单级涡轮组成，高压转子由 1 级核心级驱动风扇、4 级高压压气机和单级涡轮组成。采用 1 + 1/2 级无导叶（低压涡轮没有导向器）对转涡轮，利用模态选择阀门、后可变引射器实现变循环。采用热管理系统，处理高马赫数热问题。

在从地面静止状态加速到马赫数 1.6 过程中，RTA–1 发动机工作状态与单外涵小涵道比加力涡扇相同；在飞行马赫数 1.6~2.0 状态下，发动机工作状态与双外涵加力涡扇相同；在飞行马赫数 2.0~3.0 状态下，发动机由涡轮模态向冲压模态转换；在飞行马赫数 3.0~3.5 状态下，发动机转子系统工作在慢车（或者风车，具体情况尚不清楚）状态，继续从转子系统提取功率，由于转子系统继续工作，也有利于重新启动。在飞行马赫数 3.5 以上状态下，发动机完全以冲压模态工作。

（五）超声速导弹用 YJ102R 发动机

YJ102R 发动机为单转子涡喷发动机，尚不能确定是否采用了加力燃烧室。据报道，YJ102R 发动机采用了高压比、高热力循环温度设计，压气机可能采用了吸附式压气机技术。涡轮与燃烧室采用了艾利逊公司特有的多层孔板合金材料，具备在高温条件下工作的能力；为适应高温工作环境，设计了热交换器，利用燃油作为热沉介质，降低了用于冷却涡轮转子叶片的压气机引气量（可能是利用燃油冷却空气，再由空气冷却涡轮）；采用了混合陶瓷滚棒和球轴承，利用燃油进行润滑和冷却，消除了对滑油系统的依赖；为满足长时间超声速巡航的需求，该发动机没有采用 J58 发动机的冲压旁路设计，空气流路更加简单，压气机前 2 级静子叶片采取调节措施确保发动机工作稳定。

三、国外高马赫数涡轮发动机技术途径

高马赫数涡轮发动机为实现在马赫数 0~3.0 速度范围内高效工作，主要面临两个方面的问题：一方面，要求部件在宽包线范围内高效工作，部件间高效匹配，气动热力设计难度大；另一方面，在高马赫数状态工作，发动机进口温度高，马赫数 4.0 状态发动机进口温度达到 627℃ 左右，接近甚至超过了大部分结构材料使用温度极限，热问题突出，转子支承结构、涡轮部件面临除燃油以外基本无其他冷却介质可用的难题。

尽管上述高马赫数涡轮发动机在技术方案上存在重大差异，为解决以

上两个方面的难题,采用了组合循环、变几何、宽范围压气机、高温涡轮、热管理、可调尾喷管、燃油润滑、燃油冷却技术、新型耐高温材料等技术途径,如表1所列。

表1 高马赫数涡轮发动机技术途径

技术途径＼发动机	YJ93	J58	JTF17	RTA-1	YJ102R
组合循环	是				
变几何	进口可调导叶/压气机前3级静子可调/压气机后5级静子可调	进口可调导叶/压气机第4级开放气旁路		模态选择阀门/后可变涵道引射器	压气机前2级静子可调
宽范围(风扇)压气机	65%折合转速高效工作/工作温度范围15~377℃	62%折合转速高效工作/工作温度范围15~377℃	65%折合转速高效工作/工作温度范围15~377℃	风车状态高效工作/工作温度范围15~627℃	55%折合转速高效工作/工作温度范围15~627℃
高温涡轮	对流结构空气冷却涡轮	对流结构空气冷却涡轮	对流结构空气冷却涡轮	冲击+气膜结构空气冷却涡轮	发散冷却结构空气冷却涡轮
燃油润滑	否			是	
燃油热沉利用方式	滑油由燃油冷却			燃油冷却空气	燃油冷却空气
可调尾喷管	引射喷管,喉部、出口无级可调	引射喷管,喉部可调	引射喷管,喉部可调	引射喷管,喉部可调	引射喷管,塞式可调喷管
热管理系统	无			有	
新型耐高温材料	采用				

四、结束语

(一) 高马赫数涡轮发动机技术水平取决于同时代航空涡轮发动机

高马赫数涡轮发动机是航空涡轮发动机的重要发展方向,一般以同时代的航空涡轮发动机为基础进行研制。例如,YJ93 发动机以 J79 发动机为基础发展而来,J58 发动机以 YJ91 发动机(YJ93 发动机的竞争发动机)为基础,增加放气旁路发展而来,通用电气公司以 YF120 发动机为基础发展 RTA 发动机。发展双转子外涵加力涡扇发动机 JTF17 时,双转子涡扇发动机技术已经成熟,并开始投入使用。

(二) 马赫数 4.0 以上高马赫数涡轮发动机需求迫切

21 世纪,X-43A、X-51A 演示验证取得成功,高超声速技术应用出现转机。在高超声速技术需求牵引下,飞行马赫数上限更高的高马赫数涡轮发动机需求变得较为迫切,从马赫数 2.0 的 J79,到马赫数 3.0 以上的 J58、YJ93,再到当前正在发展的马赫数 4.0 以上的 RTA-1 发动机、YJ102R。为提高高超声速飞行器经济可承受、可重复使用性,利用高马赫数涡轮发动机将飞行器加速到马赫数 4.0(双模态超燃发动机工作的马赫数下限)是一种较为理想的技术方案。

(三) 先发展小型一次性使用高马赫数涡轮发动机更为可行

从马赫数 3.0 到马赫数 4.0 技术积累有限,马赫数 3.0 以上的 J58 发动机的研制成功,很大程度上是因为 YJ91 发动机解决了低折合转速压气机高效工作、稳定工作气动设计问题以及 J57 发动机加力燃烧室技术的成熟。为了解决马赫数 4.0 状态热问题,需要采用更为先进的冷却方法、耐温能力更高的材料。当前无论空气发散冷却技术,还是燃油冷却技术,以及耐高温材料均不满足长时间、重复使用的可靠性要求。美国马赫数4.0以上涡轮发动机由同时发展中等尺度、小尺度 RTA 发动机转变为先发展小尺度一次性高马赫数涡轮发动机，基本体现了这种认识。

（中国航天科工集团第三研究院三十一所　汤华）

TBCC 发动机技术进展研究

高超声速飞行器被誉为世界航空史上的第三次革命，也是 21 世纪航空航天领域的技术制高点。高超声速推进系统是高超声速飞行技术能够取得决定性进展的关键，其中组合动力具有实现从亚声速到高超声速宽马赫数飞行的潜力。目前，组合循环发动机以火箭基组合循环（RBCC）发动机和涡轮基组合循环（TBCC）发动机为主。TBCC 发动机由涡轮发动机与其他类型发动机组合而成，具有推力大、工作包线广的特点，能实现水平起降和可重复使用，更符合高超声速飞行器对动力的要求，是高超声速飞行器非常有发展潜力的动力方案。

一、国外 TBCC 发动机技术研究进展

国外对 TBCC 发动机的研究起步较早，以美国、日本等西方航空技术发达的国家为主。在众多高超声速计划支撑下，各国从概念探讨、关键技术分解、部件设计到整机地面集成试验和飞行试验验证等方面，对 TBCC 发动机进行了全面研究，取得了丰富的研究成果。

国外 TBCC 发动机的研究可划分为三个阶段。

第一阶段为 20 世纪 50 年代至 70 年代，对 TBCC 发动机技术的基本概念、原理和方案进行了大量的理论计算和数值分析，并基于当时的涡轮发动机技术水平进行系统集成。典型代表为配装 SR–71 超声速侦察机的 J58 发动机，该 TBCC 发动机由涡喷发动机和加力燃烧室/亚燃冲压燃烧室串联而成，采用旁路引气的方式，最高工作速度为马赫数 3.2。

第二阶段为 20 世纪 80 年代至 90 年代，主要针对超声速运输和天地往返飞行器开展 TBCC 发动机研究，该阶段典型的研究计划为日本的"超声速运输推进系统研究计划"（HYPR）。HYPR 发动机由变循环涡扇发动机和亚燃冲压发动机串联而成，最高工作速度为马赫数 5。1999 年，首台 HYPR 发动机在高空台成功完成高空模拟试验。

第三阶段从 21 世纪开始至今，主要针对超声速巡航导弹、高速运输机和天地往返飞行器一级动力开展研究。这一阶段的主要研究项目包括美国"革新涡轮加速器"（RTA）计划、"猎鹰组合循环发动机技术"（FaCET）计划和"先进全速域发动机"（AFRE）计划。RTA 计划的目标是发展一种马赫数 4 以上，最小推重比为 7 的 TBCC 发动机，由美国通用电气公司 YF120 的变循环涡扇发动机和冲压发动机组合而成。FaCET 计划旨在验证 TBCC 发动机部件的性能和操作性，主要研究进气道、亚燃冲压/超燃冲压燃烧室和喷管。美国正在实施的 AFRE 计划旨在对全尺寸 TBCC 发动机进行模态转换演示验证，采用现货涡轮发动机（罗·罗公司 F405 小型涡扇发动机）与双模态冲压发动机组合。AFRE 计划的 TBCC 发动机通过射流预冷技术使涡轮发动机工作包线扩展到模态转换点。2017 年，美国国防高级研究计划局与洛克达因公司达成协议，洛克达因公司将在 AFRE 计划下研制新型推进系统，并进行地面测试。除此以外，由洛克希德·马丁公司 SR–72 高超声速飞机验证机的技术攻关取得突破,采用单台全尺寸并联 TBCC 发动机为动力,该验证机的研制工作最快在 2018 年启动。

二、TBCC 发动机关键技术分析

TBCC 发动机的工作包线涵盖亚声速、跨声速和超声速,涉及多个发动机循环之间的转换,工作过程非常复杂,需突破的关键技术如下。

(一)现有涡轮发动机包线扩展技术

TBCC 发动机只有匹配高速涡轮发动机技术,才能实现高超声速推进系统的技术指标。以现有的发动机为基础,目前高速涡轮发动机发展的技术途径有两种。一种是用变循环技术提高涡轮发动机工作马赫数。这方面的研究以美国的"革新涡轮加速器"(RTA)计划为代表,RTA 发动机以 GEF120 变循环发动机为基础,重新设计了风扇、核心机驱动风扇和加力燃烧室,集成了小涵道比涡扇发动机单位推力大、排气速度高和大涵道涡扇发动机耗油率低的优点。另一种是预冷技术。常用预冷技术是在常规涡轮发动机上加装预冷器,通过降低压气机的出口温度来提高工作马赫数,典型例子为日本的"吸气式涡轮冲压膨胀循环"(ATREX)发动机。还可以在压气机进口喷入冷却介质,通过介质的喷射、雾化和蒸发效果使进入压气机前的气流总温降低,实现发动机工作包线的扩展。

(二)新研高速涡轮发动机技术

美国先后启动了"高速涡轮发动机验证"(HiSTED)计划和"远程超声速涡轮发动机"(STELR)计划,旨在设计一次性使用的高马赫数单转子涡喷发动机。在 HiSTED 计划的支持下,罗·罗公司研制出 YJ102R 验证发动机,其单位推力、质量和长度分别是 J58 发动机的 6 倍、6% 和 26%。

2015年9月，罗·罗公司研制的STELR验证机在地面试验中以马赫数2~2.5运行2个小时，后续试验目标是以马赫数3.2持续工作超过1个小时。

（三）超燃冲压发动机技术

超燃冲压发动机是燃烧室进口气流速度为超声速的冲压发动机，由进气道、隔离段、燃烧室和尾喷管组成。美国在超燃冲压发动机技术领域具有丰富的研制经验。1985年启动的"国家空天飞机"（NASP）计划对氢燃料超燃冲压发动机的缩比模型进行了研究和试验。1995年启动的"高超声速技术"（HyTech）计划重点研究碳氢燃料的双模态冲压发动机，并对地面验证发动机成功进行多次地面试验。2005年，以HyTech超燃冲压发动机为基础，美国空军实验室与DARPA联合开展了X-51A计划，旨在通过飞行试验来验证碳氢燃料超燃冲压发动机的可行性。2010—2013年期间，X-51A计划共进行4次飞行演示验证，并在最后一次试验中取得成功，验证机实现了240秒（含助推时间）的有动力飞行，最大飞行速度达马赫数5.1。X-51A解决了超燃冲压发动机技术实用化发展的重大问题。之后，美国空军开始关注更大尺寸（更大流量）的超燃冲压发动机技术。

（四）模态转换技术

由于冲压发动机与涡轮发动机工作特性不同，从一种模态过渡到另一种模态时气动参数存在不稳定变化，因此需要大力研究模态转换技术，保持TBCC发动机的流量连续和推力连续。针对该项技术，DARPA和美国空军实施了"猎鹰组合循环发动机技术"（FaCET）、"模态转换"（MoTr）和"先进全程发动机"（AFRE）三个计划。

FaCET计划在第一阶段试验了独立的缩比发动机，其中进气道为30%尺寸，燃烧室为40%尺寸；第二阶段集成了进气道、燃烧室和尾喷管，流路为目标的70%。2009年3月，集成后的系统进行了地面自由射流试验。

试验中尽管没有真实的涡轮发动机，但模拟给出了涡轮流道，为真正开展涡轮发动机与冲压/超燃冲压发动机的一体化试验奠定了基础。

作为 FaCET 计划的后续项目，2009 年美国启动了 MoTr 计划，旨在演示验证 TBCC 发动机从涡喷到亚燃冲压，再到超燃冲压的工作模式，实现马赫数 0~6 范围的模态转换。MoTr 计划在马赫数 3、4 和 6 三种试验条件下，实现了 70% 缩比尺寸发动机的成功点火和稳定燃烧。

2017 年开始的 AFRE 计划，旨在研发和地面验证一种能够在马赫数 0~5+ 范围内无缝工作的可重复使用、碳氢燃料、全尺寸 TBCC 发动机。其性能指标包括：①成功在马赫数 1.5~3 完成模态转换，扩展涡轮发动机和双模态冲压发动机工作包线；②在跨声速和模态转换过程中的加速度不小于 $0.25g$；③双模态冲压发动机在模态转换过程和最大马赫数下的燃烧效率分别达到 75%~80% 和 85%~90%；④涡轮发动机在模拟的超声速条件下实现安全地关机并重新启动。

（五）飞发一体化技术

高超声速飞行器是推进系统与飞行器机身高度一体化的系统。TBCC 发动机由多个动力单元组合而成，需要依靠高度的飞/发一体化设计提高推进系统（包括飞/发性能匹配、前体/进气道、喷管/后体）工作效率、结构完整性和稳定性。

美国艾利逊公司和 SPIRITECH 公司联合对并联 TBCC 发动机的子系统综合性能开展研究，研究对象包括飞行器机身/发动机结构、飞行轨迹及其对应工作状态的确定、推进系统过渡态对应马赫数、低速推进系统组成、高速推进系统组成和燃烧使用基准。在此基础上对 TBCC 发动机巡航工作、加力工作和过渡工作状态进行推进系统油路分析，由此给出 TBCC 发动机的综合性能。

美国波音公司也使用子系统的概念,研究分析涡轮发动机与高超声速机体一体化性能。它将 TBCC 组合推进系统划分为高速流系统与低速流系统,通过对低速流系统结构的分析,确定共同工作状态下相对应的进气道分流活门及尾喷管可变斜板的状态,使 TBCC 发动机具有高性能、高可靠性和最小的安装损失。

(六)热管理技术

高超声速飞行面临的热环境给飞行器机身结构和动力系统带来严峻挑战。在高马赫数条件下,冲压燃烧室、喷管等高温部件受到高温燃气的对流、辐射等耦合作用,承受着很强的热负荷,而 TBCC 发动机传感器、控制系统等要求工作在相对较低的温度环境下。针对恶劣的运行环境,热管理系统需要采用先进的耐温材料、先进冷却技术等措施,保证在飞行包线内发动机各部件及系统工作在安全可靠的温度水平。

三、国外 TBCC 发动机及其技术发展特点

(1)TBCC 发动机技术作为发动机领域的前沿性技术,在军用、民用领域具有的广阔市场及应用前景,受到世界各国的广泛关注。鉴于 TBCC 发动机技术难度大,通常分步制定 TBCC 发动机技术发展路线目标,前期聚焦小型 TBCC 发动机研发,尽快突破高速涡轮发动机、模态转换、热管理等关键技术,力争取得部件级技术成果,然后再逐步开展中、大型尺寸的 TBCC 发动机技术研究。

(2)实现涡轮发动机与冲压发动机的模态转换是当前 TBCC 发动机技术发展的关键,由于冲压发动机在马赫数 3 以下时推力不足,而涡轮发动机工作范围一般在马赫数 2.5 以下,使得两种动力系统工作范围出现"速度

裂缝"。目前，国外同时在开展向上扩展涡轮发动机工作包线和向下扩展双模态冲压发动机工作包线的工作，以实现"速度裂缝"的跨越。

（3）国外TBCC发动机技术通过逐步推进、层层突破的手段来开展技术攻关。近期验证计划注重技术方案的可实现性，涡轮基发动机的未来发展方向为高速涡喷发动机，但基于研制进度等考虑，采用现货发动机，通过射流预冷扩展包线。虽然TBCC发动机的比冲性能受到影响，但降低了研制难度和技术风险，并且为中远期验证计划的实施奠定良好的技术基础；中远期验证计划注重技术方案的前瞻性和先进性，最终实现技术成熟度高、性能优越的TBCC发动机。

（4）将来可实现的TBCC发动机，很有可能采用并联结构。尽管串联布局方案具有发动机基础尺寸小、重量轻等优点，但由于这种结构采用加力/冲压燃烧室共用模式，在模态转换过程中，很难保证燃料在加力/冲压燃烧室的稳定燃烧，影响高马赫数下工作的稳定性。而并联布局方案采用上/下排列结构，采用不同的流路，涡轮和冲压发动机研制难度较小，结构简单，可靠性更高，能适应更宽广的马赫数范围，是当今TBCC发动机的主要研究方向。

（5）采用集成产品开发（IPT）团队加快TBCC发动机研究，高度重视试验保障条件的建设。美国空军研究实验室组建高速试验部门，在阿诺德工程发展中心（AEDC）中开展更大尺寸的高速试验。通过加强设计与试验的融合，缩短设计试验周期，加速推进技术从实验室快速向装备转化。

（中国航发涡轮研究所　李茜）

美国全源定位导航系统发展情况研究

2017年5月,美国空军研究实验室宣布全源定位导航(ASPN)系统战斗机平台功能验证试验获得成功(图1),该系统海陆空高低速平台和单兵装备功能验证的全部完成,标志着世界首个多平台通用、可综合利用各种信息的高精度导航系统即将进入实用阶段。

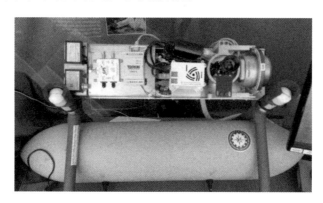

图1 战斗机吊舱内 ASPN 系统

一、最新试验进展

此次安装在战斗机吊舱内的 ASPN 试验系统是美国空军研究实验室开发

的，是 DARPA ASPN 项目的成果之一。该装置是基于视觉辅助导航的传感器系统，采用通用系统架构和融合算法，包含用于测量加速度和角速度的惯性导航传感器、摄像头、磁强计、GPS 接收器以及高精准度的时钟和气压计。战斗机使用从商业卫星下载的经过预处理的卫星图像数据库。该系统可以在 GPS 信号较弱或受到干扰的情况下，以惯性传感器的测量信息和精确时钟信息为核心，将摄像头等备用传感器的信息导入飞机的标准导航系统，帮助战斗机飞越无 GPS 区域。

试验中，ASPN 试验系统在无 GPS 信号环境下，利用光学图像、地磁、高度信息修正惯导误差，实现了与 GPS 精度相当的定位导航，验证了系统在空中高速平台上的可靠性和适用性。

二、ASPN 系统介绍

ASPN 系统（图 2）作为一种全新组合导航系统，采用开放式即插即用架构，能够根据任务、环境及平台资源情况，以"高精度微惯性系统 + 高精度时钟"为基础，通过自主融合 GPS、光学、射频、地磁、重力及机会信号等所有可用传感信息实现精准定位导航。系统实现的关键在于可即插即用的开放式导航系统框架和多传感器融合算法。ASPN 系统可集成的传感器包括惯性测量单元、GPS、机会信号（SoOP）、图像、激光雷达、磁力计和重力计等，可利用包括来自电视、广播和移动基站、卫星等非导航信号，甚至闪电等自然现象产生的机会信号进行导航。表 1 为 ASPN 系统可用传感器和应用情况。

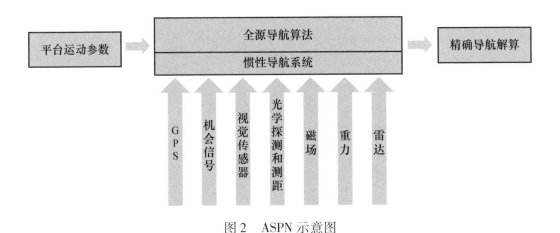

图 2 ASPN 示意图

表 1 ASPN 系统可用传感器和应用情况

类别	类型
传感器	陀螺仪、加速度计、磁强计、计时器、气压计、星敏感器、计步器、红外传感器、声学传感器 Wi-Fi/RF 接收机、倾角罗盘、2-D/3-D 成像仪、距离/伪距测距仪、温度传感器、方位角速率传感器、GPS、激光雷达、回转罗盘、MMWR 以及其他雷达与 1、2、3 轴 AOA/LOB/TDOA 传感器
测量量	速度、加速度、旋转速率、时间、位置、海拔、方向、相位
数据库	影像、地图、信号数据库位置查找表（地标、测距信号源等）
应用平台	单兵步行、有人（无人）机、潜水器、轮式（履带式）车辆、小型机器人
应用环境	地下、水下、丛林、郁闭森林、郊区、峡谷、城市、建筑物内

ASPN 项目于 2011 年启动，由空军研究实验室、DARPA 联合开展，陆军通信与电子研发工程中心、海军空间与海战系统司令部、NASA 参与，该项目分为三个阶段实施。

第一阶段为 2011 年 5 月至 2012 年 5 月。该阶段完成了具备自适应、即插即用能力导航系统的演示，证实了实时导航算法及软件体系架构的可行性。2012年6月,德雷柏实验室和阿尔贡公司完成了理论算法和软件体系架构开发。

第二阶段,继续开发实时算法,并研制出用于验证和评估的ASPN系统原型机,在典型应用环境中(非实验室中)验证实时导航算法,演示和评估自适应导航系统、方案的优化与实时运行,展示传感器和惯性测量组合的即插即用能力。此阶段重点是新型传感器的引入,以实现政府现货产品标准组件的快速配置和集成,且最后的解决方案不能影响即插即用功能的准确性。2016年,诺斯罗普·格鲁曼公司、科学应用国际公司等完成了原型系统、实时导航算法和传感器新测量方法开发。

第三阶段,主要任务是完成ASPN系统的演示和验证,DARPA在2017年完成了ASPN系统最后的演示验证。2016年10月至2017年5月,系统在有/无GPS环境下完成了多平台框架通用性及综合导航能力验证,包括"天巷"商用螺旋桨飞机、S-3B舰载反潜机、舰艇、"斯派克"战车和单兵便携式背包等军民平台,共测试了19类57种传感器。

下一步,ASPN系统将在美国空军"快速轻量自主系统"无人机项目中应用,并通过陆军"可靠定位导航与授时"项目进一步改进升级。

ASPN系统各阶段性能评估要求如表2所列。

表2 ASPN系统各阶段性能评估要求

评估性能	评估阶段	评估指标
定位精度 (3D RMS)	第一阶段	优于政府所能提供的各类传感器和IMU组合方案中最高精度的10%
	第二阶段	优于10米(3D RMS平均时间间隔为1s),误差应低于政府所能提供的各类传感器和IMU组合方案中最小误差的1.1倍
集成成本	第三阶段	在递归与非递归工程成本中,应降低至传统集成成本的10%

(续)

评估性能	评估阶段	评估指标
灵活性和稳定性	第一阶段	对于任意传感器组合,由添加或移除传感器所引起的切换停机时间 < 5 秒
	第二阶段	
功耗/性能权衡	第二阶段	在给定环境和平台下,用最少的传感器自动优化到所需要的精度

三、系统特点分析

APSN 的目的是整合多种可用信息资源,弥补单一系统能力不足缺陷,解决 GPS 可能遭遇被干扰、被阻断的固有脆弱性和危险。APSN 的目标是在开发新型融合导航滤波算法与抽象方法的基础上,通过利用各种导航资源、方法和途径,构建开放型、可重构、组合灵活、即插即用、协同增效的快速、高精度自主导航系统;解决精度与精度保持问题,体积、重量、功耗、成本问题,反应时间问题;具备支撑惯性测量组合等导航传感器、敏感器的即插即用特性。

传统组合导航主要是用特定传感信息和配套融合算法,修正惯导信息,这存在两方面问题:一是不同平台导航系统需单独开发,开发周期长,成本高;二是架构升级和传感器类型扩展难度大,对新环境、新威胁适应性差。

ASPN 系统采用了全新设计(图 3):一是采用多平台通用开放式系统架构,可快速引入新型传感器,增添新能力,降低开发成本;二是采用可重构滤波模式,实现了不同传感器的实时自主动态配置,提高了导航可靠性;三是采用了基于"滑动窗口因子图"模型的多传感器数据融合算法。该算法根据处理方式将传感器测量值转换成一元因子(指 GPS、气压计等与时序、轨迹无关的节点因子)、二元因子（指惯性测量单元、2D 激光雷达等特征轨迹因子）和外部因子（指摄像头等地标关联测量因子）三类，实现了分时输入信息的分类标准化处理；然后通过固定窗口长度的局部贝叶斯估计（短期平滑）进行短时多源融合，输出导航位置信息，实现信息快速响应；通过融合全时段传感器数据进行全局贝叶斯估计（长期平滑），对历史位置轨迹曲线进行优化，为短期平滑提供更准确的位置基准，抑制误差，保证导航精度。

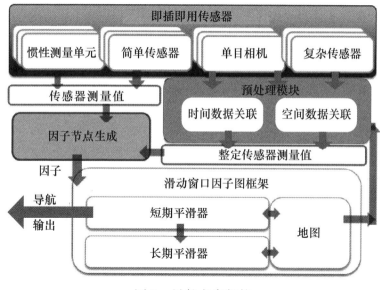

图 3　导航方案架构

四、影响分析

（一）技术方案具有可行性，可全面解决卫星导航系统固有脆弱性产生的不可靠问题

在技术方面，ASPN 项目通过重点发展新型的导航算法和构建开放的即插即用的系统架构，实现多种不同导航资源灵活组合的高精度自主导航定位。这种不依赖特定传感器组合的导航系统设计，展现出了极高的自适应能力。在卫星导航系统不稳定甚至受到干扰时，系统将可利用所有可用传感器资源进行高精度定位导航，实现在水下、地面、室内、高山与城市峡谷，特别是充满复杂电磁干扰的战场环境下的高精度定位、导航与授时。目前ASPN系统演示成功验证了ASPN项目理论方案的可行性，技术实用，能够解决卫星导航系统固有脆弱性产生的问题。

（二）适用于多种武器装备平台，将大幅提升美军在复杂战场环境下的整体作战能力

在平台应用方面，ASPN系统具有很好的通用性、可靠性和适应性。对军事用户而言，ASPN技术将解决强对抗战场环境下多种武器装备平台的精确定位、导航与授时问题，提供更加稳健的定位、导航与授时能力。目前ASPN系统在有/无GPS环境下完成了包括飞机、舰艇、战车和单兵等多平台框架通用性及综合导航能力验证。ASPN相关技术还将应用于美国空军"快速轻量自主系统"无人机项目，并通过陆军"可靠定位导航与授时"项目进一步改进升级。可以预见，ASPN系统的广泛应用，有望大幅提升美军在强对抗复杂战场环境下的精确定位导航能力，使美军能够在未来强对抗的战场环境下拥有高精度定位、导航与授时的重要优势。

（中国航天科工集团第三研究院三一〇所　文苏丽　叶蕾　葛悦涛）

美国陆军视觉辅助导航技术发展分析

2017年，美国持续推进全球定位系统（GPS）拒止环境下的导航方式研究，重点突破新技术及新平台能力建设。在信息化作战环境中，作战平台的时空信息对作战意图能否实现具有至关重要的作用。目前几乎所有的军用系统和作战平台都依靠GPS或基于GPS的组合系统获取时间和空间信息，为了降低对GPS的过度依赖以及由此产生的风险，需要开发在GPS拒止环境下的替代导航技术。

美国陆军通信电子研究开发与工程中心（CERDEC）PNT分部正在研发一种GPS拒止环境下的新型导航方式：视觉辅助导航（VAN）系统，该研究是美国陆军的一项应用型研究计划，主要目标是将视觉辅助导航系统及组件作为GPS拒止或降级的军队作战环境下的导航备份方案。

一、美国陆军视觉辅助导航方案与原理

该视觉辅助导航系统采用具有快速帧率、能够捕捉目标附近图片的高速敏感相机，然后通过比较每一帧图片的目标特征来判断相机与每个目

标的相对移动的距离和方向。采用特征检测技术，相机对极轻微的目标移动进行判定，使操作员能够在给定的轨迹或路径跟踪人员的相对位置。

该系统还包括惯性测量单元（IMU）——加速度计、陀螺仪和各种各样其他类型的传感器。通过与高速相机协同工作，惯性测量单元可产生连续的运动和方向数据。

该视觉辅助导航系统的基本原理是融合从相机获取的视觉场景和惯性测量单元的数据，以提供安装在个人徒步平台或车载平台上的视觉辅助导航系统的运动估算信息。运动估算信息将用来推算视觉辅助系统用户的位置信息。该系统旨在实现全自主估算相对位置，无需依赖像 GPS 一样的天基信号。

据报道，美国陆军仍在寻求用于视觉辅助导航的微小型照相机，并强调具有双目照相机的视觉辅助导航系统可立体成像，只要尺寸、重量、功率和成本（SWAP－C）满足需求，可成为未来一个可行选择。此外，2017 年 8 月德雷珀实验室和麻省理工学院也联合开发了先进的视觉辅助导航技术——"结合惯性状态的平顺和测绘评估"（SAMWISE）系统，该技术可以不依赖 GPS 等外部设备。SAMWISE 融合了视觉和惯性导航系统，相比于单独使用一种方法，误差积累更慢，实现了飞行轨迹的位置、姿态和速度评估。该系统允许在不使用 GPS 等设备时自主达到 20 米/秒的六自由度飞行。

二、试验及平台应用情况

美国陆军已将视觉辅助导航系统安装于标准车辆中，并沿着主要高速公路进行了驾驶测试。在试验中，高速相机的特征检测功能可准确捕捉到路途中的一切高速和低速事物，包括信号标识、树木以及其他车辆。在近期的城市环境测试中，单兵配备的样机可以使操作人员保持在由 GPS 和其他导航源所确定的路径轨迹附近。从相关的试验和研究中看出，样机系统的定位性能非常好，和 GPS 定位性能几乎相同。

美国陆军还考虑将视觉辅助导航应用于精确制导弹药（PGMs）。此外，视觉辅助导航技术还有可能与当前陆军开发的其他光电作战技术协同。另外，美国空军已经着手将视觉辅助导航技术集成到飞行器上，从而应用于空军平台。

德雷珀实验室和麻省理工学院在 DARPA 快速轻量自主（FLA）项目中开发了先进的无人机视觉辅助导航技术，可以在无需外部 GPS 的情况下自主地感知未知环境。该团队开发和运用了独特的传感器和算法配置，并在室内和室外场合进行了测试和性能评估。该技术未来还可能会被应用于地面、海洋和水下系统，在弱 GPS 信号或拒止环境中尤其有用。

三、未来发展趋势

近年来，GPS 拒止环境导航新方式新技术得到广泛关注及发展，但新型导航技术不论在应用范围、定位精度还是易用程度上都与卫星导航存在一定差距。视觉辅助导航技术可以在一定程度上提高导航精度，降低设备重量、体积、功耗和成本等。视觉辅助导航技术的主要目的和意义在于在不能使用 GPS 信号获取定位、导航和授时信息时，提供可靠、可信的位置信息来源，作为 GPS 的备份导航方案。

视觉辅助导航目前仍然处于早期研发阶段，该技术成熟度尚处于低到中级水平，只建立了少数的先进实验室原型系统。根据当前技术进步水平来看，视觉辅助导航预计在 2022 年左右到达技术成熟转型点，有可能在未来 5～10 年内实现部署。

（中国航天科工集团第三研究院三部　李金兰　张婵　刘佳）

美国新型深海导航定位技术发展分析

2017年2月,美国国防高级研究计划局(DARPA)及英国航空航天(BAE)系统公司透露目前正共同致力于开发下一代水下无人潜航器通信导航技术——"深海导航定位系统"(POSYDON)。POSYDON目前正在进行第一阶段的研发工作。通过在海下安装声纳信标(声音信号源)组成类似GPS的系统,POSYDON能够迅速确定海底无人系统位置坐标并将数据中继传输回舰船或潜艇指挥控制系统。

DARPA分别于2016年3月和5月授予美国工程研发企业德雷珀公司和英国军工巨头BAE系统公司POSYDON项目合同,旨在为美国海军实现深海导航提供新方式,为无人潜航器(UUV)、潜艇提供精确的导航信息。这将为水下精确打击武器提供新的辅助导航技术手段,大大提高其作战距离与导航定位精度。

一、项目背景

美军利用无人潜航器和潜艇在深海执行监视与侦察、"反介入/区域拒止"对抗及其他任务时，隐身性能至关重要。而全球定位系统（GPS）的信号无法穿透海洋表面，惯性传感器又会积累误差，因此在执行短时间任务时，无人潜航器和潜艇可以依靠惯性传感器提供定位信息，但是在执行较长时间的任务时，无人潜航器和潜艇就不得不定期浮上水面，获取GPS校准数据，而这会让其面临暴露自身的危险。

DARPA目前正在探索建立水下互联网的可能，同时也希望创建水下GPS。研究人员正寻找可安装在海床上的声源，使无人潜航器和潜艇像飞机、船舶、汽车获取GPS信号一样，具备多源定位校准能力。因此，"深海导航定位系统"项目（Positioning System for Deep Ocean Navigation，POSYDON）应运而生。2015年5月1日，DARPA发出POSYDON项目征集方案，经过近一年的选择，最终选定美国德雷珀公司和英国BAE系统公司开展项目研究。

二、发展分析

POSYDON项目采用一种位于水下的声源装置组网，用以覆盖广袤的海洋。声源装置将被放置于水下一定深度一定位置，无人潜航器和潜艇将利用多个声源装置进行测距并通过三角测量进行自定位。美国自主式无人潜艇，如海军的"蓝鳍"-21，将使用POSYDON系统进行精确定位，如图1所示。

（一）项目目标

POSYDON系统将以声音作为传输信号，在遍布海洋的信标上安装扬声器，可像GPS卫星一样播发时间；接收机要和GPS接收机大小相近，能够在非常广阔的海域上接收到信号。接收机收到声音信号后，就可根

图1 "蓝鳍"-21将利用POSYDON进行水下精确导航

据测量每个信标声音到达的时间差测算出位置,无需再上浮水面用GPS信号对惯性测量装置(IMU)进行校准,从而实现长距离和长时间的航行。

同时,由于现行的先进惯性导航、多普勒速度日志系统以及其他水下导航传感器成本高、功耗要求也高,所以DARPA希望实现水下导航传感器的低成本和低功耗。

POSYDON项目的工程解决方案还可民用,如水下调研等。

(二)研究内容

POSYDON项目研究内容将包括声音测量模型、声音源和波形、海水中数据收集和演示、其他相关技术。①声音测量模型,包括:能够克服时变多径传播和多径延迟挑战的水下声音信号传播信道;相对于声音源和海洋环境的船只运动的多普勒扩展;带宽有限的信号和汇聚区。②声音源和波形,包括:找到海盆尺度范围内的声音源,并确定数量、位置和深度。③海水中数据收集和演示,包括:在海水中搜集数据,来证实声音测量模型和声音源波形。④其他相关技术,包括:研究其他类型的器件或建模方法,实现独立导航、定位与授时。其工作原理如图2和图3所示。

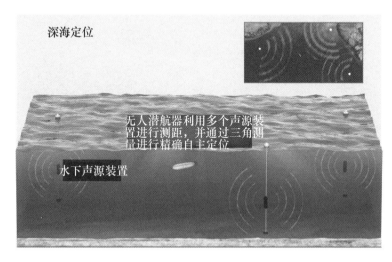

图 2　POSYDON 工作概念示意图

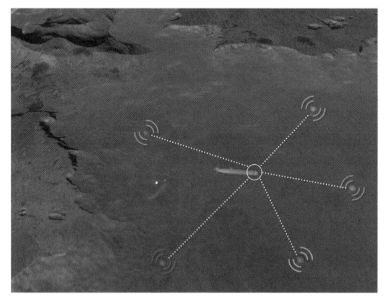

图 3　POSYDON 系统工作原理

目前，DARPA 选中的两家研究团队——德雷珀公司和 BAE 公司，正在积极开展项目研究，但是两个团队的研究内容各有侧重。BAE 系统公司负责开发水下定位导航授时系统，以及无人潜航器和潜艇捕捉与处理声学信号用于导航的能力。BAE 系统公司将依托其先进的信号处理技术、声通信技术、抗干扰技术、防欺骗技术来开发 POSYDON 系统。BAE 系统公司将与麻省理工学院、华盛顿大学、德克萨斯大学等研究机构合作，将接收器系统的计算需求保持在较低水平，从而不必提升现有无人潜航器和潜艇的处理能力即可使用。

德雷珀公司牵头的研发团队负责设计一定数量的远距离声源，无人潜航器和潜艇可以利用这些声源的反射来进行定位。同时，该团队还负责高仿真建模，即定位信号如何穿过海水，同时产生信号波形。团队成员包括麻省理工学院、加利福尼亚大学斯克里普斯海洋研究所、Intific 公司、激流自主解决方案公司和水声学公司。

（三）研究阶段

POSYDON 项目按照计划将分三阶段，在 48 个月内完成，计划于 2018 年进行海试。第一阶段为 12 个月，重点在于信号处理和海洋建模；第二阶段持续 18 个月，用于研发和验证实时声学测距能力；DARPA 称第三阶段将自行征集方案，通过 1 个综合系统来验证实时定位能力。该项目试验和计算机仿真将在该项目前 2 个阶段内同时进行。研究人员希望在 30 个月内利用单发射器系统来进行实时距离测算试验，然后再开发具备多发射器的体积更大的原型机。

目前，声源信号还未研发成功。其必须具备强干扰能力和保密能力。与 GPS 直线传播不同，水下声波的非直线传播特性使得研发更具挑战性。

GPS 无线信号是电磁波，能以光速穿透任意空气介质，能够非常简单地计算出发出信号的信标的位置。而在海水里的声波信号，传播的速度是一个有关海水盐度和温度的公式，意味着巨大挑战。POSYDON 项目研究团队正在攻克海流的复杂数学模型，来学习如何估算信号到达的时间。

（四）测试验证

在该研究成果部署之前，POSYDON 项目需要经过独立的海军测试，以保证它的安全性，如不会被座头鲸等通过声音信号进行交流的海洋哺乳动物破坏。此外，还需要确保 BAE 公司所研究的工作频段不会对动物造成伤害。

三、影响分析

近年来，水下尤其是深远海作为极具战略价值的一个新兴作战域，受到了美、俄等军事大国的高度重视，并大力发展相关的技术和装备，无人潜航器、预置无人水下发射平台等新型武器装备都得到了快速发展。水下战场的传感难度较大，相对不透明。水下作战力量更难被评估，在进攻和防御两个方面都可能对战场形态造成不可预知的影响，具有越来越重要的地位。

但是，水下武器装备的自身定位精度问题也是一个难题。通常潜艇和无人潜航器等需要定期浮出水面以校准位置信息。为此，DARPA 启动 POSYDON 项目，试图打造水下 GPS，解决水下装备无需浮出水面，即可获得水下持续航行精确导航的问题，这种方式既不容易暴露自身，也减少了受干扰的风险，极大地改善水下平台的作战能力和水下武器的打击精度，将在水下作战域形成新的技术优势。

（中国航天科工集团第三研究院三部　杨慧君　张茜　李金兰）

基于卫星的弹载被动雷达目标定位技术发展分析

2017年11月《简氏导弹与火箭》透露,欧洲导弹集团(MBDA)公司正和伯明翰大学联合开发一种用于未来远程反舰导弹的创新型被动雷达探测技术,即将通信卫星星座作为"机会射频发射器",利用舰船等目标反射的通信卫星信号进行导弹引导和目标定位,以提高远程目标探测与定位能力。该技术的研发工作隶属于被动弹载雷达2(PAMIR 2)项目(图1),

图1 被动弹载雷达2项目导引头工作原理示意图

目前已作为英、法合作的未来反舰武器（FCASW）项目的候选技术，有望成为低成本提升远程反舰导弹目标探测与定位的新技术手段，且可在近乎全球范围内使用。

一、技术概述

PAMIR 2 项目属于已持续 10 余年的、英法联合进行的导弹装备及组件创新与技术合作（MCM IPT）项目一部分，MCM IPT 项目的重点是研发功能更强、成本更低的导弹。

传统超视距反舰导弹通常采用惯导加主动雷达末制导的方式，末段雷达导引头通常工作在 I/J 波段，这种模式的显著缺点是主动雷达导引头开机后导弹就失去了隐蔽性；此外，如果利用弹上数据链获取目标定位数据，同样也容易暴露自己。PAMIR 2 项目的技术方案将通信卫星星座作为"机会射频发射器"，实现近乎全球范围的覆盖。

为期 1 年的 PAMIR 2 项目对这种传感器能否作为海上目标定位补充手段（目标 RCS 约为 1000 米^2）进行研究，突破末段射频或光电导引头搜索和攻击范围限制。PAMIR 2 项目期望未来导航卫星（如 GPS、"伽利略"和 GLONASS 导航卫星）和通信卫星（如近地轨道的铱星和全球星、静地轨道的国际海事卫星）都能够作为"机会射频发射器"，这些卫星工作频谱都在 L 波段（1~2 吉赫）上。

由于 PAMIR 2 项目的弹载传感器采用被动工作模式，具有成本低、隐身性好的特点，可作为不确定性强的环境下增强现有导弹系统的一种潜在方案。但研发这种雷达导引头还存在一系列技术挑战，如弹上尺寸与空间限制、导弹运动影响、潜在打击目标外形影响等。

试验装置基于 USRP 2950R 软件定义无线电，从前端的两个天线获取射频信号，其中窄频带接收天线用于接收卫星主波束信号（即作为同步通道），更大尺寸的定向天线用于接收目标反射的信号。这两个通道的射频信号经过低噪声放大器和带通滤波器后，送到 USRP 2950R，由 USRP 2950R 进行频率转换和数字化。

二、试验验证

2017 年年中，已进行了两次试验，试验中现场收集了测量数据，随后在试验室里采用多普勒波束锐化技术进行了处理。尽管也采用了传统单脉冲技术，但多普勒波束锐化可以提高移动传感器的角分辨率，获得更好的横向距离分辨率，消除雷达图像上的噪声。2017 年 7 月进行第一次试验，在英格兰西部的滨海韦斯顿进行，对探测大型舰船（货运船 Theben 号）性能进行了评估。试验用接收装置装在海边的一个 15 米高的架子上。Theben 号进入布里斯托尔湾时被试验装置探测到，距离精度约 150 米。

2017 年 8 月在利物浦进行了第二次试验，试验装置安装在一辆路虎车上，对移动和固定目标的横向距离定位性能进行评估。试验中由国际海事通信卫星 4 – F2 充当照射器，通过多普勒波束锐化技术，将方位角分辨率提高了 30 倍。PAMIR 2 项目的另一部分工作包括研究潜在天线方案，当前已研究了八木天线和带贴片天线两种方案。MBDA 公司称这两种方案都能够满足体积限制，并能够提供目标探测所需的增益。

据 MBDA 公司 PAMIR 2 项目负责人称，试验结果验证了该移动平台用被动海上目标探测方案的可行性，其技术成熟度达到 3 级，下一步是验证其在机载平台上的功能与性能，该内容将属于后续 PAMIR 3 项目的范围，将在更加真实的速度和目标外形特性等条件下进行试验,以评估平台运动效应,进行算法改进和优化。下一阶段重点是验证机载试验装置能否在 30 千米的距离上获取有效的目标反射卫星信号,引导导弹攻击目标。

三、分析评述

导弹雷达制导技术是一种重要的精确制导技术,传统被动雷达导引头受弹上空间和质量的限制,设计与开发难度大。但近些年随着防御技术的飞速发展,远程打击导弹面临着愈加严峻的电子对抗和突防问题,世界各国都加大远程打击导弹弹载被动雷达技术的研发力度。

即将进入服役的美国"远程反舰导弹"(LRASM)就采用被动射频探测技术,可依靠先进的弹载传感器技术和数据处理能力进行目标探测和识别,减少对精确 ISR 信息源、数据链以及 GPS 信息的依赖,具备在存在信息网络以及信息网络完全切断的情况下均可工作的能力,并具备一定的抗干扰能力。康斯伯格公司也正在为联合打击导弹(JSM)增加英国航空航天(BAE)系统公司的被动射频导引头,与原有的红外成像导引头协同工作,以在面对复杂舰船防御问题时增强反舰武器目标捕获过程的距离和分辨率,由 BAE 系统公司澳大利亚分公司开发的紧凑型数字射频接收模块,使 JSM 导弹具备辐射源定位的功能。BAE 系统公司还将提供低成本、轻小型和高敏感的电子支持措施(ESM)接收机,这将使得 JSM 导弹具有额外的对地攻击和对海攻击能力。此外,近期披露的俄罗斯超远程巡航导弹 X–50,也将增加被动射频传感技术,防区内可自主感知判断军情和无线电辐射,确定自身飞行方向、高度和速度,具备自主作战能力。

当前先进电子元器件技术、微纳系统技术、软件定义硬件技术、新型制造技术等的飞速发展,大力推动了被动雷达制导技术在弹上的进一步应用,在当前防空反导与电子对抗技术快速发展的形势下,弹载被动雷达制导技术有望成为像 GPS 导航一样,被远程打击导弹广泛采用。

(中国航天科工集团第三研究院三一〇所　朱爱平)

天线隐身技术发展综述

隐身技术在现代战争中具有重要的地位，在当前复杂电磁环境下，武器平台的隐身性能直接影响着其战场生存概率及突防概率。目前，飞行器等平台的隐身技术已经取得较大进展，隐身飞行器的雷达散射截面（RCS）已能得到较好的控制。对于采用隐身外形设计及隐身材料的低可见性平台而言，天线的散射是总 RCS 的主要贡献者之一。以战术导弹末端制导用"卡塞哥伦"天线为例，当被 X 波段探测电磁波照射时，其在 180°附近鼻锥区域的 RCS 高达 10 分贝·米^2 量级，而脉冲多普勒雷达常用的平板裂缝天线，其在法线方向的 RCS 可高达 30 分贝·米^2 以上。天线系统的隐身设计已经成为武器系统隐身性能进一步提高的关键，是隐身技术下一步发展的重要方向。

一、天线隐身发展历程与主要技术措施

天线与一般的散射体不同，天线的散射主要可以分为天线的结构项散射和模式项散射。天线的结构项散射由天线的几何结构以及安装接口等决

定，与一般的散射体相同；而天线的模式项散射与天线的辐射性能有关。因此有必要对天线的散射问题展开专门的分析研究。1963 年，美国俄亥俄州立大学发表了基于共轭匹配条件的天线散射的一般理论，该理论被看作最早的天线散射理论研究。之后 1969 年和 1989 年短路条件和匹配负载条件的天线散射理论研究，为天线散射理论研究奠定了基础。1992 年研究人员分别采用加载吸波材料和集总元件的方法，在 1~10 吉赫带宽之内使得贴片天线的带宽降低了 5~15 分贝。1992 年的电气和电子工程师协会天线和传播分会（IEEE – APS）会议开辟了天线 RCS 专题。此后，由于军事需求的驱动、隐身武器平台的出现，天线的散射机理和 RCS 控制的研究得到了广泛的关注。以频率选择表面、共形天线技术为代表的天线隐身技术得到飞速发展。

天线隐身的技术措施很多，在实际应用中一般从时域、频域和空域三个方面采用措施，降低天线的散射。

（一）天线系统的时域隐身措施

对于飞行器上的雷达天线系统，以末制导天线为例，通常不需要在整个飞行过程中全程工作，因此可以在天线不工作的时候将天线遮挡起来，在工作的时候恢复正常的状态，这种天线时域隐身措施优点是简单可行，隐身效果显著，在天线设计中不需要单独考虑散射性能。其缺点是天线工作时不具备隐身能力。

2017 年 6 月，美国空军研究实验室研制了一种液态金属天线，可根据任务所需的频率和方向进行重新配置，并在 70 兆赫~7 吉赫的频率范围间进行了测试，下一步将在飞机上进行试验。这种天线将整合多天线能力，减少所需天线数量，也可应用于时域隐身。

(二)天线系统的空域隐身措施

一般可以利用天线口径面偏置的方法,将天线口径面的法向偏移到飞行器鼻锥区域以外。此时天线在鼻锥方向的结构模式项散射场很少,天线模式项散射场与天线辐射性能有关,其散射可通过匹配技术来减小。对于飞行器上常见的波导裂缝阵或微带天线阵,只要将天线口径面的法向移出鼻锥区域,便可以实现重点威胁角域隐身。其优点是天线设计简单、隐身效果显著;缺点是鼻锥区域外不能隐身。

(三)天线系统的频域隐身措施

天线的频域隐身可以分为带内和带外两个部分。当敌我双方雷达处于不同工作频段时,采用频率选择表面(FSS)基本就可以满足天线隐身的需求,通过设计使得己方的电磁波在 FSS 表面的通带之内,不影响天线的正常工作,而敌方的电磁波处于阻带。其优点是不需要增加或改动结构,只需用 FSS 代替原有的天线罩或反射面,因此特别适合于改善现有的或正在研制的雷达天线隐身性能。其缺点是对同频率同极化的威胁雷达波无能为力。在天线工作频带内,对相同极化的威胁雷达波要实现隐身特性,这是一件极其困难的任务。此时虽然天线模式项 RCS 会因为带内的良好匹配而降低,但结构模式项 RCS 则会因为天线的谐振而加大。由于结构模式项与天线结构形式和材料有关,因此对不同的天线应采取不同的隐身措施。

二、天线隐身技术研究现状

当前天线的带内同极化隐身设计是天线 RCS 控制的主要研究内容,近年来研究的主要内容如下。

(一)表面电流控制技术

表面电流控制技术是目前经常用的微带天线 RCS 减缩方法之一,一般通过天线开槽或者增加寄生结构来实现。这种方法的主要原理可以通过模式分离的方法来解释,将天线辐射和散射状态下的模式电流调整到不同的电流模式上,通过改变外形,抑制散射电流模式从而降低天线的 RCS。但是,这种方法经常会对天线的辐射性能产生影响,并且有一定的带宽限制。由于对天线 RCS 的控制实际上是对各种相互矛盾要求的折中,在设计中如何同时兼顾辐射与散射两个方面是天线 RCS 控制的关键问题。2014 年,土耳其科贾埃利大学采用控制表面电流分布的方法对印制单极子八边形天线的 RCS 进行了减缩,如图 1 所示。通过分析天线表面的电流分布,找到表面电流分布最小的区域,去掉这些电流分布最小的区域,减小了天线的散射面积,同时影响了散射状态的电流分布,在天线的整个工作带宽之内有效减缩了天线的 RCS。

图 1 改变形状的低 RCS 印制单极子天线

(二)阻抗加载、阻抗匹配技术

通过阻抗加载等技术,使得天线 RCS 的峰值偏离主要的频带实现一定频域之内的 RCS 减缩,这种方法一般应用于微带天线。通过阻抗加载等方法,改变微带天线的阻抗特性,从而降低天线的 RCS。其中,开槽加载的方法不但可以改变阻抗特性，还可以使得天线表面感应电流重新分布。电阻性加载包括天线馈电点加载、微带贴片边缘集总加载和利用垂直边缘的条带进行分布式加载。电阻性加载法可以使天线的 RCS 降低 5～20 分贝，但其频带较窄。另一种 RCS 减缩技术是利用容变二极管进行电抗性集总加载，这种方法也可以获得 10 分贝以上的 RCS 减缩效果。用损耗介质和铁氧体作为天线的基片和覆盖层，也是一种有效的天线 RCS 减缩技术，其效果一般为 10～35 分贝。这种方法虽然可以降低天线的 RCS，但是会使天线的辐射效率减低。

（三）结构项与模式项散射对消技术

天线不同于一般的结构散射体，天线的散射场可以看作由两个部分构成：天线的结构项散射和天线的模式项散射。天线的结构项散射指的是天线接匹配负载时的散射场，其散射机理与普通散射体相同；天线的模式项散射指的是由负载与馈线不匹配而反射的功率经天线再辐射而产生的散射场，这是天线作为加载散射体而特有的散射场。根据天线散射的这个特点可以通过在天线的输入端口增加移相器等设备，利用模式项和结构项对消，降低天线的 RCS，其原理如图 2 所示。首先通过移相器对天线的结构项散射和模式项散射进行测量，然后通过调整天线模式项的相位，使得天线的结构项散射和模式项散射对消，从而降低整个天线阵列的散射。

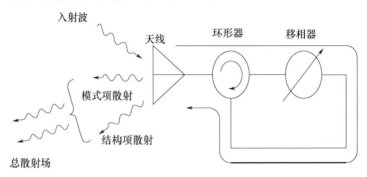

图 2　采用移相器和环流器减低天线 RCS 示意图

（四）超材料技术

2008 年 IEEE 上发表了一篇文章探究了超材料结构（Metamaterial、EBG、FSS + PSS）在天线隐身方面的应用，同时随着可重构技术的出现，更多研究人员也开始探索这类技术在天线隐身方面的应用。超材料技术一般用来降低波导缝隙天线、喇叭天线、反射面天线等的 RCS，这种方法的主要原理是利用电磁超材料等结构来改变空间电磁波的传播特性。

频率选择表面（FSS）主要利用频率选择表面的带通带阻特性来降低天线工作带宽以外的 RCS，这种方法在敌我双方雷达处于不同工作频段或不同极化方式的情况下，往往能够取得较好的 RCS 减缩效果。其他周期结构（EBG，AMP）等主要利用高阻抗表面特性抑制表面波的传播或者利用同相反射相位带隙特性降低 RCS。高阻抗表面可以结合贴片电阻等元器件构成吸波结构，涂覆在天线口径表面吸收电磁波，降低整个天线的 RCS。人工磁导体（AMC）可以与金属结构组成棋盘结构，正交布阵，利用相位相消的原理组成宽带低 RCS 反射屏。超材料等人工周期结构的出现为天线的 RCS 减缩提供了新的思路。目前，宽带超材料和可调超材料是研究的热点。

2014 年 1 月，意大利学者研究了采用超材料降低阵列天线 RCS 的方法，微带缝隙阵列给出了这种方法的设计思路和有效性（图 3）。整个微带缝隙阵列放置在 FR4 介质板上，下方为整个阵列的馈电结构，整个阵列的工作带宽为 4～8 吉赫。在整个带宽之内，该缝隙阵列天线的辐射和反射情况表现与一块金属板类似，具有很强的电磁散射。

为了在整个工作带宽内降低天线的散射，在整个阵列上方覆盖一层周期结构，采用等效传输线模型，设计了方形超材料结构来降低整个阵列的 RCS，整个结构覆盖在缝隙阵列天线一定距离位置上，如图 4 所示。

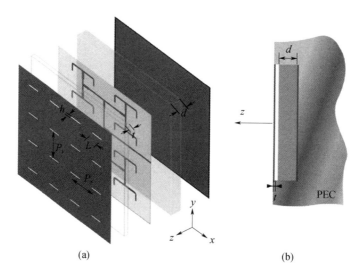

图3 微带缝隙阵列示意图

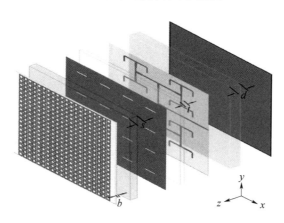

图4 微带阵列和表面超材料结构

测试发现，采用这种超材料结构可以在整个阵列的工作带宽之内明显降低天线的电磁散射（单站和双站）。

2014年12月，研究人员利用超材料结构结合可重构技术，实现了天线RCS减缩，研究中采用的超材料结构由带有十字开槽线的电容性贴片和介质基片构成，如图5所示。

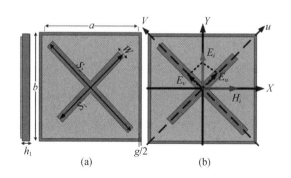

图 5 超材料单元示意图

根据巴比涅(Babinet)原理,整个超材料单元的缝隙电容和缝隙电感可通过将其等效为金属偶极子计算得到。在平面波垂直入射的情况下,可计算获得整个超材料表面的表面阻抗,最终得到带有超材料结构的低 RCS 阵列,如图 6 所示。

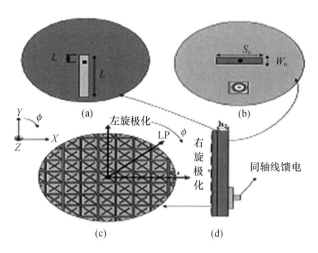

图 6 带有超材料结构的低 RCS 可重构天线

在工作带宽之内,这种结构可降低整个阵列天线的 RCS,并可通过旋转来调整超材料表面和天线阵列的相对位置,实现阵列极化的重构。

(五)等离子体天线技术

超材料等人工结构能在减缩天线 RCS 的同时,基本保持天线增益不变或者稍有下降,相比需要以损失天线增益换取 RCS 减缩的传统方法有了很大的进步,但提高天线增益、带宽,以及孔径复用效率等性能依然很难。然而,现代复杂的电磁环境要求天线具有更加优异的辐射性能和更加高效的口径复用效率,这使得低 RCS 高性能天线受到了越来越多的关注。等离子体天线因为在其停止工作时没有电磁波反射特性而受到关注。图 7 为日本学者设计的等离子天线,该天线不仅在不工作时具有比传统金属天线更低的 RCS,而且还具有小间距下的低互耦特性。

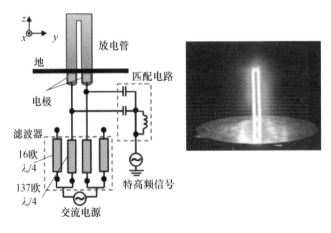

图 7　低 RCS 的等离子体天线

三、小结

天线隐身技术是新一代高隐身精确制导武器发展的关键技术,采取天线隐身设计可进一步提高精确制导武器的隐身突防能力,实现先敌发现、先敌攻击的目的。美国、俄罗斯等世界军事大国深刻认识到天线隐身技术对新一代高隐身武器装备的关键作用，在其新一代飞机、战舰等设计中明确提出天线隐身设计的要求，并不断加大天线以及综合射频研究投入力度，追求天线隐身技术的新突破，进一步提高武器装备的隐身突防能力。

（中国航天科工集团第三研究院三部　王一哲）

微波光子雷达技术及未来应用发展

2017 年 7 月,俄罗斯无线电电子技术集团(KRET)在俄罗斯先期研究基金会支持下,成功研制出世界首部机载"微波光子相控阵雷达"(FO-FAR)收发试验样机,该样机预计安装在俄罗斯第六代战斗机上,有望在信息获取/战场对抗中获得不对称优势。微波光子雷达作为一种新型雷达,极有可能巅覆传统雷达应用模式,并在精确制导/航空侦察等领域发挥巨大作用。

一、微波光子雷达技术内涵及特点

微波光子雷达运用光子学手段和合成器件,替代传统雷达系统中的一些关键部件,利用光子学方法生成雷达射频发射信号,对射频信号进行上变频后经天线辐射出去;对射频接收的回波信号直接进行光采样,射频信号下变频后在光子域进行滤波。针对相控阵天线部分,对其进行光学真时延控制,并用光子射频移相器替代传统移相器。

不同于传统的雷达采用电子管和半导体器件,微波光子雷达以光子为载体，在光域实现产生、传输和处理各种功能的电信号，将光域与电子学有机结合，具有如下独特优势。

（一）超宽谱超宽带，具备大范围频谱感知能力

利用光子大带宽、低噪声、高载频优势，可以实现超宽带的雷达辐射，而传统雷达几乎无法实现。通过光子学手段能够产生高质量的微波信号，其瞬时带宽和频谱纯度远优于电子技术。一方面，能获得高分辨、超精细的雷达成像结果；另一方面，光子雷达具有大范围频谱感知能力，奠定了多功能一体化的信号基础。

（二）能量转换效率高、传输损耗低和抗电磁干扰能力强

传统雷达信号产生与处理依赖电子管或半导体器件，其能量转化效率只能达到30%～40%，而微波光子雷达能量转化效率可提升近1倍。在同等空间约束下，能量转换效率高，就意味着系统性能更好。由于微波光子雷达的信号产生与传输均在光路中进行，使得微波光子雷达还具有传输低损耗、低相位噪声、抗电磁干扰等天然优势。

（三）多功能一体化，可整合电子信息设备

传统的弹载/机载电子信息设备，通常按照功能需要进行相应的电子设备研制，如雷达探测、干扰、通信，根据不同应用途径需要进行相应的软硬件开发。在应用平台空间、载重受限时，多种电子设备带来信息融合、电磁兼容、处理带宽、响应速度、反射截面等多种制约。微波光子雷达能够实现探测、干扰、通信等多功能一体化，实现"一机多用"，如可在一部雷达上实现探测、跟踪、成像、目标识别等功能，并能快速协同反应。

（四）功能"软件"化，轻松实现按需升级

随着电子技术的发展，战场电磁环境日益复杂，信息对抗也日益加剧，

相应的雷达、干扰、通信等设备需具备的功能也越来越多。为适应新形势，电子设备势必要更新升级。基于现有的雷达体制，升级时存在硬件重新研制、空间适应性约束等问题，也会带来成本上不必要的消耗。微波光子雷达具备大带宽、信道化的基础，能够将各种功能"软件"化，即上层功能算法与底层硬件解耦，使得雷达功能可以"定制"，如同电脑手机上安装功能软件一样可便捷实现功能的增减，即只需要更新算法，而不需要重新研制硬件或者只需少量改动，这极大方便了雷达系统的升级换代，缩减了研发周期，降低了升级成本。

二、微波光子雷达研究进展概述

微波光子技术在电子系统中的最初应用形式为光模拟信号传输，即将单个或多个模拟微波信号加载到光载波上并通过光纤进行远距离传输。近年来，微波光子技术应用逐渐从模拟光传输拓展到微波光子滤波、变频、光子波束形成等方面。

微波光子雷达系统的演进基本沿着微波光子关键器件的技术路线，较早期的研究主要集中在光纤波束形成网络宽带共形阵列（休斯公司）、光控相控阵样机（泰勒斯公司），后来出现了全光子数字雷达（PHODIR）样机、双波段微波光子雷达样机等，取得最新突破的是"俄罗斯射频光子阵列"（ROFAR）项目。

（一）欧盟"全光子数字雷达"和双波段微波光子雷达

"光子数字雷达"项目于 2009 年底启动，旨在设计、研制和验证具备发射信号光、接收信号光、处理信号光能力的全数字雷达验证机，解决阻碍全数字雷达收发机的瓶颈问题，如无杂散动态范围（SFDR）和相位噪声电平。该项目于 2013 年取得重大进展，所研制的单站单通道 PHODIR 样机成功实现对非合作民航客机的跟踪与测量。

2015 年 6 月，研究小组将 PHODIR 雷达扩展至两个频段，并在意大利某港口进行了外场验证，试验结果如图 1 所示。系统核心是一个双波段射频发射机和一个双波段射频接收机。图 2（b）、图 2（c）分别是 SEAEAGLE 雷达和双波段微波光子雷达 X 频段分系统的 PPI 图像，两图像符合性极好，证明该双波段微波光子雷达样机的性能已达到了先进商用雷达水平。图 2（a）是目标船的图像，图 2（b）、图 2（c）分别为 S、X 波段探测到的一维距离像，图 2（d）是融合结果。根据船体实际结构，从图 2 中还可以看到船尾部有更多的散射源（绞盘），上层形状显示桅杆和背部隔板分离。

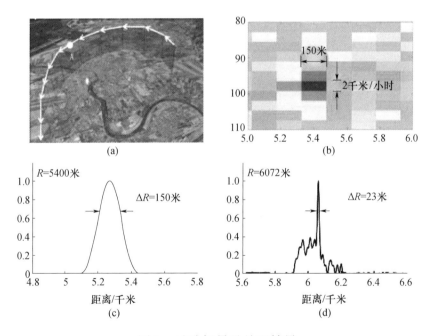

图 1　试验场景及处理结果

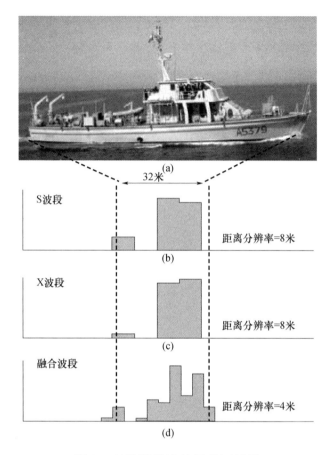

图 2　双波段雷达外场验证结果

另外，PHODIR 小组在 2015—2016 年，搭建了雷达/通信双用途原型机，实现了软硬件共享的雷达/通信一体化系统；通过将激光雷达系统和微波光子雷达系统集成，减小硬件和功耗负担，提供了多维度环境感知的能力。

（二）欧洲 MORSE 和 GAIA 项目

欧洲防务局的"多功能光学可重构扩展设备"（MORSE）项目旨在开发一种具备波束形成、发射多种射频和阵元动态可重构能力的天线架构，开发或巩固光学域使能技术，搭建样机进行概念实验验证，以用于海洋系统、地基、无人机、机载预警和机载截获系统中，包括监视与跟踪雷达、高分辨率雷达、合成孔径雷达（SAR）、电子战装备、通信和导弹指挥链路等。MORSE 由赛莱克斯（SELEX）公司、英国航空航天（BAE）系统公司和瑞典萨博（SAAB）公司共同承担，总费用约460万欧元。

GAIA（2012—2015年）项目属于欧盟第七框架计划，旨在开发用于 SAR 天线系统的光子技术，研究内容包括天线上光信号分布、利用光子集成电路控制收/发天线单元上宽带信号（覆盖 Ku 波段）的实时延迟、大型可移动天线的光缆捆束以及 X 波段天线阵列模块。该项目最终将设计一套完整的 SAR 天线系统。

（三）俄罗斯"射频光子相控阵"项目

2014 年 11 月，俄罗斯高级研究基金会联合无线电电子技术公司（KRET）发起了"射频光子相控阵"（ROFAR）项目，该项目为期4.5年，投资6.8亿卢布，旨在开发基于光子技术的通用技术和元器件，制造射频光子相控阵样机，并用于下一代雷达和电子战系统。KRET 成立专门实验室，研究将射频光子相控阵单元（ROFAR 单元）集成在 T-50 等先进战机蒙皮上，集无源侦收、有源探测、电子对抗和隐秘通信等功能于一体，以实现360°全覆盖扫描和机上资源一体化调度；ROFAR 也有可能安装在俄罗斯正在研制的飞艇上，利用飞艇大表面优势，将天线阵列分布于蒙皮上，为俄罗斯提供导弹预警（图3）。

图 3 ROFAR 相控阵阵列可用于俄罗斯飞艇、战机的智能蒙皮

(四) 美国集成光子创新计划

2014 年 3 月，美国海军实验室在《自然》杂志上发表《光子照亮雷达的未来》一文，称"微波光子技术是下一代雷达的关键技术"。2015 年 7 月，美国成立集成光子研究所（AIM – Photonics），投入数亿美元进行新型快速的光子集成制造技术及工艺方法研究，以促进光子集成电路的设计、封装、测试与互连，构建从光子学基础研究到产品制造的全产业链，从而解决高动态范围、超低损耗、宽带光子集成芯片和微波频率电集成芯片的大规模制造难题。AIM – Photonics 获得 1.1 亿美元的联邦政府资金投入，以及由地方政府、大学和企业等投入的超过 5 亿美元配套资金。

除了上述项目之外，DARPA 和欧洲的"第七框架计划"（FP7）均开展了众多针对微波光子分系统和元器件层面的研究项目。未来微波光子雷达发展研究的重点是提升微波光子链路的技术成熟度、提高光子集成化程度、优化系统一体化设计。

三、结束语

雷达作为精确制导领域的核心系统之一，其性能直接决定导弹的命中率。微波光子技术的发展有望给雷达注入新的活力，大幅提升精确制导领域的信息获取及对抗能力。微波光子雷达能够克服传统电子器件的技术瓶颈，改善和提高传统雷达多项技术性能，将为精确制导装备发展带来巨大变革。

从技术发展路线来看，有如下启示。

一是形成全新软硬件架构，突破传统硬件对信号的束缚。通过光域对信号进行高质量处理与变换，构建任意信号形式，再通过光电转换到微波域，降低后端信号对微波前端的依赖。通过信道化处理，形成多功能/大谱宽集成。

二是集雷达/通信/干扰/频谱感知/电子侦察等多种功能于一体，实现"功能轻松定制"。具有先天优势的微波光子雷达可将上层软件与底层硬件实现"解耦"，并通过"操作系统"进行链接，实现上层功能"软件化"定制。用户按需通过人机交互层面编程程序，轻松获得雷达探测/搜索/跟踪、干扰、通信等各种功能，无需改动底层硬件。

三是实现快速在线学习，提升信息感知能力。微波光子雷达可实现"多功能一体化"，强力整合电子信息设备，将多类型传感器数据进行融合。针对复杂多变的电磁环境及战场态势，微波光子雷达有望实现多型传感器数据在线分析与融合，并针对多类型样本库进行训练与学习，实现"自我更新"，提升态势感知与信息提取能力。

从工程化应用方面来看，微波光子雷达存在"微波光子链路的技术成熟度和光子集成化程度不高、系统一体化/小型化设计不够"的短板，这也是后续微波光子技术应用需要突破的难点。

目前，世界主要军事强国都在加快微波光子雷达的研究，在近 10 年其工程化应用有望获得突破。对于未来以信息化为主导的战场，掌握并实用化微波光子雷达的一方，将获得信息对抗的不对称优势。如何充分利用微波光子雷达技术，并将其应用到精确制导领域，值得深入研究。

（中国航天科工集团第三研究院三部　王友成）

武器装备中人工智能嵌入式平台的发展和应用

未来战争形态已开始从信息化向智能化转变,利用人工智能技术提升武器装备的智能化水平、建设智能化的军队和作战体系、发展军事智能已成为各军事强国未来一段时间内发展制高点。2017 财年,美国国防部投入 120 亿~150 亿美元用于支持其"第三次抵消战略"的实施。"第三次抵消战略"的重要目的之一就是利用人工智能、自主等先进技术实现作战效能的阶梯式飞跃。2017 年 4 月,美国国防部成立"算法战跨职能小组"(AWCFT),旨在加快推动人工智能、大数据和机器学习等技术在装备智能化、自主决策、情报信息挖掘等领域应用,有效提升战斗力。

一、军事领域深度学习技术研究概况

近年来,深度学习作为人工智能领域的重要支撑技术,以其优异的学习与泛化能力受到学术、工业及军事领域广泛关注。美军将深度学习技术列为人工智能研究的一个重点,在不同军种进行多方面的布局,以促进该技术的发展和应用。2006 年深度学习概念提出后,美国国防高级研究计划局将深度学习技术作为其重点发展的智能自主技术。2009 年,DARPA 进一步启动"深度学习"研究计划,探索利用深度学习方法从战场获取的声音、视频、传感器和文本等数据中提取有效特征,用于信息关系挖掘、特征分类和信息识别、异常事件监测等。2012 年 7 月,DAPPA 启动"自适应雷达对抗"(ARC)项目,用于对抗新型或者未知的雷达威胁,利用机器学习算法和人工智能技术研发可识别和适应先进复杂雷达的电子战能力。2015 年 7 月,DARPA 与美国空军研究实验室(AFRL)资助深度学习分析公司(DLA)开展"对抗环境下的目标识别及适应性研究"(TRACE)项目,研究机器学习新型算法、低功耗移动计算架构和雷达信息处理方面的最新技术,开发一种实时、低功耗的雷达目标识别系统,目前已经完成原理样机。

美国空军、海军和陆军为加快深度学习技术的应用转化,自 2017 财年开始增加深度学习科研项目,美国军方与深度学习相关的项目及主要研究内容如表 1 所列。

表 1 美国军方的深度学习项目及主要研究内容

军种	项目名	财年	研究内容
空军	传感器利用技术	2017 财年	利用深度学习方法和人工神经网络实现目标分类
		2018 财年	演示基于深度神经网络方法实现目标分类
		2018 财年	研发适用低功耗平台的嵌入式深度学习算法
	信息处理技术	2018 财年	利用谷歌公司的深度学习框架开发新型的神经形态系统进行图像目标探测
陆军	自主系统	2017 财年	研究稀疏数据分析的深度学习技术
	多语言计算	2018 财年	研究半监督分析和深度学习方法,从多语言数据中自动提取信息
海军	多源集成和作战识别	2018 财年	研究多种机器学习算法进行自动目标识别
	军用网	2018 财年	分析多源情报信息,为一体化火控、防空反导系统实现自动敌方行动预测

深度学习技术应用中一个重要因素是平台计算力。深度学习计算分为两部分：离线训练计算与在线推理计算。由于深度学习基于神经网络的模型结构对计算资源和存储资源的要求较高，传统芯片无法满足新型算法时效性、能效比要求，需要创新开发新的计算平台与计算方法。离线训练计算虽然计算量大、处理数据规模大，但现阶段采用相对成熟的基于"多核心图形处理器"（GPU）并行计算处理方式已可满足应用要求。在武器装备应用领域，在线推理计算阶段并不总是能够获得服务器端或云端高性能计算平台支持，需要各智能装备节点自己具备边缘计算能力。现阶段，人工智能边缘计算平台的发展还处于初级阶段，存在"先进精简指令集处理器"（ARM）、"数字信号处理器"（DSP）、"现场可编程门阵列"（FPGA）、"图形处理器"（GPU）以及"专用集成电路"（ASIC）等几种形式。这里主要侧重武器装备深度学习技术的转化应用，重点分析人工智能相关嵌入式处理平台及芯片的发展与应用情况。

二、嵌入式平台与军事应用的研发现状

深度学习技术通过训练和学习过程，将知识抽象到深度神经网络模型之中，利用该模型实现分类识别与预测评估等功能。通常深度神经网络模型对高性能计算需求较高，且计算过程具有较高的并行度。深度学习嵌入式平台的核心是芯片，主要有两种类型：一种是基于"传统单指令多数据流"（SIMD）架构的改进型芯片，为满足深度学习的需求，对并行能力和数据访问过程等进行调整优化；另外一种是设计深度学习专用处理芯片，该芯片具有全新的架构，为深度学习算法量身定做。

（一）深度学习高性能低功耗芯片的研发

传统芯片厂商非常重视深度学习市场，其产品主要包括 CPU、GPU 和 DSP 等，该类厂商利用其技术实力对传统芯片进行技术微调后，结合算法优化，以满足深度学习应用需求。

为了进军深度学习领域，CPU 厂商巨头英特尔（Intel）公司收购了生产视觉处理器的 Movidius 公司和深度学习公司（Nervana），于 2017 年 8 月发布了 Myriad X "视觉处理单元"（VPU）。英伟达（NVIDIA）公司为了开拓嵌入式 GPU 市场，推出 Jetson 嵌入式开发平台，可用来打造智能机器人、无人机、自动驾驶系统等。ARM 公司在加速人工智能和机器学习方面，采取提升 CPU 以及片上系统两方面性能的方式，开发了原生的"机器学习"（ML）和"人工智能"（AI）指令集并加入 DynamIQ 之中，提升芯片在人工智能领域的性能。DSP 领域也在积极推出适用深度学习的处理器，CEVA 公司于 2018 年 1 月推出了专业人工智能处理器系列 NeuPro，与 CEVA 的"深度神经网络"（CDNN）相结合，可以提供深度学习解决方案，能高效生成神经网络并移植到处理器。

国外在神经网络专用芯片领域取得了较大进展，麻省理工学院（MIT）的研究团队在 2016 年发布了一款可进行深度学习的芯片 "Eyeriss"，可执行车辆检测识别、人脸辨识等人工智能算法。美国硅谷的 GTI 公司（Gyrfalcon Technology Inc.）在 2017 年 9 月推出 Lightspeeur 人工智能芯片，使用内存作为处理单元，支持片上并行和原位计算，能够减少大量数据移动，从而降低功耗。

类脑芯片的研究目标是开发突破冯·诺依曼体系的计算机硬件。IBM 公司推出的"真北"（TrueNorth）芯片，是 DARPA 项目"自适应可塑可伸缩电子神经系统"（SyNapse）的研究成果，集成 4096 个内核和 100 万个神经元的芯片能耗低于 70 毫瓦。2015 年 5 月 7 日，加州圣巴巴拉大学的研究人员在《自然》上发表论文，利用忆阻器构建神经网络芯片，并训练神经网络去识别字母 V、N 和 Z，该芯片的工作模式与人类神经细胞产生神经电信号的方式类似，标志着人工智能的一项重大进步。

随着硬件技术的发展，以深度学习为代表的人工智能技术逐渐具备影响军事装备和现代战争的能力，在情报、监视与侦查领域进行大数据分析、情报获取与整合，在制导领域的研究应用包括实现智能化探测、自动目标识别、无外界信息支持的自主导航，以及干扰对抗过程中的智能决策等。

（二）侦查与目标探测技术

"情报、监视与侦察"（ISR）技术是 DARPA 从建立之初就持续投入的核心领域，该领域的发展使美国的情报监视侦查技术水平取得突破性的提高和拓展，孕育了多种设备和系统，包括合成孔径雷达、植被穿透雷达、电视摄像机和红外探测器等。

目标探测是利用传感器和数据处理分析等技术手段，搜索、发现、识别和跟踪特定区域的威胁性目标。随着探测手段的多样化发展和长时间广域探测，数据快速累积，但数据的信息密度较低，结合战场条件下的快速数据处理和分析的要求，自动探测成为必然。

美国军方人员为了探索新型雷达目标探测识别方法，利用高性能嵌入式平台和计算机算法，借助载人和无人飞机的雷达传感器快速侦查军事目标。在干扰对抗环境下，敌方可使用多种手段和复杂诱饵以降低被探测的可能。现有系统为了提高探测识别的准确性，需要飞机足够接近目标，如果处于敌人防区内，会将侦查飞机置于被攻击的危险之中。现有的高性能目标探测识别算法，要求使用大型计算资源，其体积和功耗限制了在侦查平台的应用。DARPA 开展的"对抗环境下的目标识别及适应性研究"（TRACE）项目，目标是开发一个准确、实时和低功耗的目标识别系统，降低复杂战场环境下的目标探测虚警率，在稀疏或者有限训练数据条件下具有对新目标进行快速学习的能力。美国空军研究实验室代表 DARPA 与深度学习分析公司签订合同，开展基于分辨率为 1 英尺（1 英尺 = 0.3048 米）的合成孔径雷达图像实现地面目标探测识别研究。研究分两个阶段实施：第一阶段将开发雷达目标探测识别算法，并研发低功耗的硬件平台；第二个阶段完成算法改进和飞行试验。专家拟利用机器学习、低功耗移动计算架构和雷达特征建模等技术进行方案设计，研究低复杂度的识别算法，通过软/硬件协同优化提升计算效率，以减小探测识别系统的尺寸、重量和功率，其硬件架构基于多核片上系统（SOC），使用多种协处理器如 GPU 和 FPGA 等。

（三）自动目标识别技术

自动目标识别是设备或者算法利用传感器获取的数据，自主识别目标或对象的一种技术。随着人工智能技术的发展，逐渐出现能够自动识别、锁定和打击目标的智能化武器系统，传感技术、新型算法、大数据技术等技术的进步，必将大幅提升武器系统的自主能力。武器系统自主对抗将趋于普遍，其中自主灵活的制导弹药，可充分发挥打击优势。如今战场已出现各种智能弹药，打击精度高、毁伤效果好。具有"发射后不管"能力的智能弹药，具备在目标区自动识别和攻击目标的能力，甚至可以附带执行侦察搜索、引导打击和毁伤评估等任务，已从单纯弹药形式变成多用途武器平台。

现有的自动目标识别系统是针对特定传感器和预先设定的特定目标集合，且只支持特定的工作模式，这些因素限制了系统的任务执行能力。当面临传感器升级或者增加新目标时,其开发成本高且耗时较长。DARPA 为了提升从传感器数据中检测、识别和跟踪高价值目标的能力,提出了"自动目标识别"(ATR)项目,其目的是减少系统适用条件限制,在提高目标识别性能的同时,大幅减少开发和升级时间,减少产品生命周期的维护成本。采用的技术手段包括深度学习、稀疏表达、流形学习和嵌入式系统等,项目研究包括三个核心部分:一是用于高性能感知和目标识别的在线自适应算法研究;二是支持系统快速集成新目标类型的方法;三是通过技术创新减少所需的训练数据量和处理时间,同时减小系统软件和硬件的规模。2016 年,完成了基于实时低功耗嵌入式平台的雷达自动目标识别系统,采用了先进的识别算法和商用的移动嵌入式计算平台,并持续进行算法改进,以提高抗诱饵能力和减少虚警率,同时完成"开放任务系统"(OMS)架构研究以便快速、灵活地集成到多种操作平台。2017 年,开展了基于最小测量数据进行快速新目标学习的研究,并对算法的学习率进行评估,同时开发适用战场装备的低功耗处理硬件,以便实现实时算法处理。2018 年,拟继续改进自动目标算法的性能,减少处理时间、系统尺寸和功耗。

DARPA 的"导引头成本转化"(SECTR)项目旨在研制无"全球定位系统"(GPS)环境下,能用于精确打击固定和移动目标、低成本、低功耗、小尺寸导引头。SECTR 导引头采用被动光电/红外传感器,在强对抗环境中利用传感器进行目标定位、识别和瞄准点选择。导引头的硬件处理系统采用模块化和开放式架构,软件部分采用标准化的应用程序编程接口,并可快速集成到炸弹、无人机等不同的武器或者投放平台,满足多种目标、不同作战场景的制导需求。目标识别的技术方法包括深度学习、二维和三维机器视觉算法等。2016 年,完成了开放架构和接口的初步设计,开发了小尺寸、轻型、低功耗和低成本传感器和处理平台单元,设计了图像导航和处理算法。2017 年，进行传感器和处理单元的实验室验证，将导航和目标识别算法集成到处理单元中并完成测试。2018 年，拟进行系统集成和实验室条件下的性能测试，开展基于精确制导弹药平台的飞行试验。

（四）融入人工智能的雷达对抗系统

导弹武器需要根据敌方干扰状态，做出最优的抗干扰决策，以规避或者降低敌方干扰对自身精确制导信息感知与处理过程的影响。干扰释放过程中，敌方会依据战场环境的变化选择不同的干扰形式、方式或者多种干扰复合，会对导弹武器精确制导过程产生严重影响。借助认知智能技术，可实现导引头信息感知和干扰对抗最优决策的智能学习，从而实现干扰对抗的智能化。

DARPA 正在研究的认知电子战技术有望在未来 10 年实用，无需借助专家系统或者预置策略，即可实现自主对抗敌方系统。系统可侦测敌方威胁，利用人工智能实时了解敌方雷达工作情况，通过分析威胁，进而生成对抗措施，整个感知、学习和适应过程连续进行，将为美军提供一种功能强大的雷达对抗方式。DARPA 与英国航空航天（BAE）系统公司开展的"适应性雷达对抗"（ARC）项目旨在研发可识别、描述和适应先进复杂雷达的电子战能力，利用机器学习技术对敌方雷达活动进行实时学习和识别，并采取一定的反制措施。由于现代军事雷达系统实现了数字化可编程，具有灵活的波束控制、波形、编码和脉冲重复间隔，对其进行识别比较困难，ARC 项目的研究目的是从敌方、己方及中立信号中识别威胁信号，从而应对新雷达威胁，提供有效的对抗措施。目前，该项目已经进行到第三阶段，将于 2018 年完成，届时该项目研发的技术将会应用到现有电子战系统中。

三、人工智能硬件平台未来的发展趋势

武器装备的智能化水平将直接决定作战效果,深度学习技术在人工智能领域取得突破性进展,该技术促进了目标探测与识别的发展,有助于提升武器装备的智能化水平。核心芯片是人工智能时代的战略制高点,嵌入式神经网络处理芯片的发展必将推动人工智能技术的应用。2017年9月,DARPA宣布开发新一代计算机芯片,以促进人工智能技术的发展。

先进传感器和处理技术的发展,将有力提升导弹武器的态势感知能力与智能化程度。人工智能硬件平台系统研发与集成技术在武器装备中应用广阔,随着其向着小型化、低功耗和低成本方向发展,其应用将呈现出井喷式发展态势。2017年8月,DARPA启动"通用异质集成和知识产权重用策略"项目,该项目选取的合同商包括大型防务公司、微电子公司、半导体设计公司和大学研究团队,目的是开发一种新的技术框架,将数据存储、计算、处理和数据管理等不同功能的模块分别置入微型管芯之中,在插入器上对微型管芯进行混合、匹配和组合,可获得更多种类的专用模块,并降低集成电路的研制成本。

随着传感技术、微型化技术和人工智能技术的发展,集群式作战模式再次受到各国重视,其具备四大优势:一是平台小型化,战场生存能力强;二是去中心化,个体损失对整体功能影响较小;三是成本低廉,作战效费比较高;四是可实施饱和攻击,突破敌人防御体系。集群作战能够实现"数量即质量"的效果,被认为是智能时代的消耗战。美军将集群作战视为战争游戏规则的改变者,认为集群作战适合应对反介入/区域拒止威胁。美国国防部同时瞄准水下、水面和空中,推进多个集群研发项目,力求具备

多维空间集群作战能力。从水下"狼群"到地面"蚁群"再到空中"蜂群",集群作战将在未来智能化战场上发挥重要作用。

四、结束语

未来要充分发挥人工智能技术的优势,着重解决武器装备系统现有或者未来可能面临的问题。结合人工智能技术的特点,分析现有武器系统的应用场景和应用条件,针对性开展技术路线的谋划与布局,推进高性能人工智能算法的工程化研究,提高数据和信息的自动处理能力,加快耗时费力任务的处理速度,持续推动人工智能技术的软硬件协同研发设计与军事化应用的适应性改进,实现改善武器装备性能、响应速度、功耗和尺寸的目的。

在基础保障条件方面,数据是人工智能技术的核心,数据的保障能力决定了系统的性能水平和适用条件,而性能评测体系是对任务能力的考核,结合实战条件制定全面细致的评测有利于分析人工智能技术的能力水平,促进人工智能技术的工程化应用发展。在技术研究方面,需加强人工智能基础研究工作,开展小样本数据、异源数据迁移学习等技术研究,可提高战场中对新任务的扩展能力,增强系统的稳健性。

(中国航天科工集团第三研究院三十五所　王磊　赵英海)

FULU

附　录

2017年精确制导武器领域科技发展大事记

"战术战斧"导弹验证利用外部数据打击海上移动目标能力 1月,"战术战斧"导弹在美国海军举行的试验中首次成功击中海上移动目标,取得里程碑性进展。试验验证了通过远程通信为导弹提供移动目标位置数据的可行性,使得网络化武器——"战术战斧"具备打击固定、可重定位目标和移动目标的能力。

美国陆军发展可投放智能化子弹药智能战斗部 1月18日,美国陆军发布小企业创新研究项目"导弹投放的集束无人飞行系统智能弹药",研发一种投放多架四旋翼飞行器的智能战斗部,可应用于陆军战术弹道导弹系统或制导多管火箭。多架四旋翼飞行器折叠存放于导弹战斗部舱段,导弹在目标区域投放四旋翼子弹药,子弹药分别捕获目标后自动飞向目标并降落在目标表面,最终引爆携带的爆破成型装药(EFP)反装甲战斗部完成打击。

陆军战术弹道导弹系统发展整体式战斗部淘汰传统集束战斗部 2月和4月,陆军战术弹道导弹系统完成现代化改进型的第四次和第五次飞行试验,该导弹现代化改进中采用新的整体式战斗部替换原有的集束战斗部,增强了面杀伤能力，同时解决了现役集束战斗部会在战场上遗留未爆弹药的问题，降低了对平民的附带损伤风险。

美国海军空战中心武器部开发固体燃料冲压发动机 3月29日，美国海军空战中心武器部（NAWCWD）透露正在开发和试验一种固体燃料冲压发动机，以满足未来打击武器的需求。NAWCWD期望利用商业货架组件，快速获得一种低成本固体燃料冲压发动机，以提高未来打击武器射程、缩短飞行时间。2016年已进行该发动机的首次飞行试验，因助推器分离时间问题导致试验失败，但NAWCWD认为能够在3~4年内获得可用于战术导弹的固体燃料冲压发动机。

美国空军发布"灰狼"低成本远程亚声速空地导弹项目招标公告 3月8日，美国空军研究实验室（AFRL）正式发布"灰狼"导弹招标公告。"灰狼"导弹是一种低成本亚声速空地导弹原型，主要用于网络化协同作战打击敌方一体化防空系统，"灰狼"导弹将配合现有武器系统协同作战，提升整体作战效能。"灰狼"项目将进行多个导弹原型的螺旋式研制，螺旋式研制步骤包括导弹原型与各种载荷能力的设计、研发、制造以及组装和试验，同时对支持低成本生产和任务效能目标实验的关键使能技术进行鉴定、研究和转化。

美国为"标准"-3ⅡA导弹配备最新软件和导引头 3月25日，美国导弹防御局与雷声公司已为新型"标准"-3ⅡA导弹配备了更为"敏感"的导引头和软件，可处理新的威胁信息。通过增加新软件，开发人员创建了必要的技术框架，以便以后升级软件或者将新的威胁信息重新编入导弹。"标准"-3ⅡA还集成了传感器技术升级，使导弹能够探测更远的目标，其中包括红外技术改进，以更快发现并锁定威胁。

康士伯格公司将为"联合攻击导弹"集成射频导引头 4月7日，康士伯格（Kongsberg）公司与澳大利亚国防部签订合同，为"联合攻击导弹"（JSM）集成射频导引头。英国航空航天（BAE）系统公司澳大利亚分部将为JSM研发先进射频导引头，使JSM能够基于目标的电子特征锁定目标。这将使JSM在当前复杂的作战场景中打击能力得到进一步增强。

美国空军研发下一代制空导弹 4月，美国空军正在研发新的被称为"小型先进能力导弹"（SACM）的空空导弹，将于21世纪30年代用在飞机上。AFRL正在寻求开发和验证用于支撑下一代制空导弹的各种系统和子系统关键技术。SACM将采用高密度推进剂装药的改进型固体火箭发动机，综合了气动、高度控制以及推力矢量的协同控制，具有超敏捷、增大射程、高密度挂载的特点，导弹"具有大离轴发射角，可对后半球进行攻击"并且"每次杀伤所耗成本更低"。

俄罗斯组建增材制造技术中心，提升导弹发动机生产效率 4月27日，在"土星"科研生产联合体的基础上，正在组建增材制造技术中心（即3D打印技术）。增材制造技术中心的任务是研究用叠层法制造燃气涡轮发动机零件、模型和组件，这将使制造发动机的成本成倍降低，速度大幅提高。

洛克希德·马丁公司拟研发布撒器型JASSM导弹，以投放子弹药或小型无人机 4月28日，洛克希德·马丁公司导弹与火控公司打击系统分部透露考虑将"联合空面防区外导弹"（JASSM）发展成小型弹药或小型无人机的投送系统。布撒器型JASSM导弹可利用其子弹药，分别打击多个高价值目标。布撒器型JASSM导弹也可以携带小型无人机。导弹在完成有效载荷（子弹药或小型无人机）布撒后，还可以继续执行其他任务或返回基地实现回收。

美国全源定位导航系统完成全部功能验证试验 5月22日，美国空军研究实验室宣布全源定位导航系统战斗机平台功能验证试验获得成功，该系统海陆空高低速平台和单兵装备功能验证已全部完成，标志着世界首个多平台通用、可综合利用各种信息的高精度导航系统即将进入实用阶段，将为复杂战场环境下实现精确打击和联合作战奠定基础。

诺斯罗普·格鲁曼公司将使美国空军 GPS 导航系统达到现代化水平 5 月 23 日，诺斯罗普·格鲁曼公司被授予合同为现代化嵌入式全球定位系统/惯性导航系统技术提供初步硬件和软件架构设计。EGI – M 将使用模块化开放系统架构构建，以便能够快速插入新功能并增强适应性。此外，EGI – M 将采用 M 代码的 GPS 接收机，这将有助于确保准确的军用 GPS 信号的安全传输。升级后的 GPS 预计在 2019 年开始用于平台集成。

洛克希德·马丁公司将升级"三叉戟" – 2 导弹导航系统 5 月 25 日，洛克希德·马丁公司被授予合同为"三叉戟" – 2 潜射弹道导弹导航系统提供技术服务，为美国和英国海军"三叉戟" – 2 的导航子系统提供支持，提供所需的导航软硬件设计、测试、安装，并对其惯性导航系统和陀螺仪进行改进和维修，相关工作预计完成时间为 2018 年 12 月 31 日。

轨道 ATK 公司公布 AARGM – ER 导弹设计概念 6 月 9 日，媒体透露轨道阿连特技术系统公司正在完善"先进反辐射导弹增程型"（AARGM – ER）导弹设计概念，以满足复杂、新型、紧迫威胁的作战需求。设计概念引入了尾翼控制系统，移除 AARGM 弹体中部的弹翼，在弹体侧面增加了边条以提供升力，此项改动不仅可以适配 F – 35 内埋弹舱，还可以提高机动性能、降低阻力。为了达到射程要求，弹体从制导舱段尾部变为锥形使弹体直径增加了约 10%，为推进系统提供更多空间。

雷声公司获得增程型"联合防区外武器"（JSOW）测试合同 6 月 9 日，美国海军授予雷声导弹系统公司增程型"联合防区外武器"AGM – 154C – 1 测试合同，公司将在 2018 年 3 月底前进行全备弹飞行演示试验。

导弹主要升级内容包括为 AGM-154C-1 增加发动机/燃料/进气系统的硬件改进及软件改进,以优化动力型"联合防区外武器"的中程和末段性能。

洛克希德·马丁公司将为增程型"联合防区外空地导弹"(JASSM-ER)开发新弹翼 7月19日,美国洛克希德·马丁公司获得一份价值3770万美元的合同,为增程型 JASSM-ER 设计一种新型弹翼。目前,JASSM-ER 导弹的有效射程约885千米,而采用新型弹翼设计后,射程将大大增加,进一步提高了载机平台在"反介入/区域拒止"环境中的生存能力。

洛克希德·马丁公司选择卫讯公司为美国海军提供"远程反舰导弹"数据链 7月12日,洛克希德·马丁公司授予美国卫讯公司(ViaSat)合同,为美国海军"远程反舰导弹"(LRASM)提供数据链。公司将提供满足 LRASM 导弹数据链路通信要求的 L 波段武器数据链路单元。卫讯公司数据链路单元可提供先进的通信功能,性能超越以前的武器数据链接产品,且外形尺寸大大降低。

美国海军从弗吉尼亚级潜艇上成功试射"战斧"巡航导弹 7月25日,美国海军从"北达科他号"(North Dakota)"弗吉尼亚"级潜艇上成功试射了2枚"战斧"巡航导弹,以测试 Block Ⅲ 发射管装填、发射"战斧"导弹的能力。新型发射管比最初的12管垂直发射系统更为简单、可靠。

"远程反舰导弹"完成首次甲板倾斜发射试验 7月26日,洛克希德·马丁公司在白沙导弹靶场进行了"远程反舰导弹"(LRASM)首次舰载甲板倾斜发射试验,验证了 LRASM 导弹从新型甲板发射筒中倾斜发射的能力。本次试验中包括 Mk 114 助推器在内的全部配置,与之前舰载垂直发射装置发射试验中的配置相同。

哈里斯(Harris)公司交付美国空军 GPS Ⅲ 卫星的第三个先进导航载荷 8月11日,Harris 公司已向美国空军 GPS Ⅲ 卫星交付了第三个先进导航载荷。根据合同，Harris 公司将提供 10 个先进导航载荷，以提高卫星的精度、信号功率和抗干扰能力。

以色列宇航工业公司和霍尼韦尔公司将联合开发 GPS 抗干扰导航系统　8 月 16 日，以色列宇航工业公司（IAI）和霍尼韦尔公司（Honeywell）将共同开发先进的 GPS 抗干扰导航系统，设计、制造集成现有定向天线阵列（ADA）GPS 抗干扰系统和嵌入式 GPS 惯性导航系统的 GPS 抗干扰导航系统。ADA 系统将作为子系统或嵌入模块集成到导航系统中。

无人机首次为美国海军近海战斗舰指示导弹目标　8 月 22 日，在关岛训练演习中，MQ-8B"火力侦察"机无人机和 MH-60S"海鹰"直升机为"捕鲸叉"导弹提供了目标信息支持，这是美国海军首次使用无人机为船上发射的导弹提供超视距目标信息和毁伤评估。"科罗拉多"号的 MH-60S 和 MQ-8B 使用雷达、光电系统和其他传感器来定位目标，通过数据链将目标信息传回船上完善导弹射击解决方案，并对目标进行毁伤评估。

雷声公司获得"战术战斧"导弹多模导引头合同　9 月 12 日，美国海军授予雷声公司合同，为"战术战斧"导弹集成新型多模导引头。这项改进将使该武器具有打击海上移动目标的能力，预计 2022 年前交付这项新能力。

哈里斯公司将为英国"长矛"导弹提供发射装置　9 月 14 日，欧洲导弹集团（MBDA）公司向哈里斯公司授出合同，为"长矛"空面导弹提供气压挂载和发射系统，且提供了后续演示验证阶段合同的选项。"长矛"导弹将与 F-35B 战斗机集成，哈里斯公司将为每个内埋武器舱提供 4 个"蝎子"轻型弹射挂架单元（ERU）。

美国海军发布中程常规快速打击项目高超声速助推滑翔导弹用助推器技术验证项目招标书　10 月 20 日，美国海军战略系统项目（SSP）办公室在中程常规快速打击项目下公开发布了一份"高超声速助推器技术研发"项目招标书,瞄准中程常规快速打击项目高超声速助推滑翔导弹,招标采办"技术验证助推器"(TB)用两级"固体火箭发动机"(SRM)。项目目前已经完成了 TB 的初始设计,此次招标主要是完成助推器两个火箭发动机级的"制造和静态点火试验",对方案设计进行有效验证。

采用印度国产发动机的"无畏"巡航导弹试射获得成功 11月7日,印度国产"无畏"巡航导弹第5次试射获得成功。试验中,导弹按程序发射,并成功完成助推器助推、发动机启动、弹翼展开等过程,还对自主航路点导航等进行了演示。整个试验中导弹巡航飞行了50分钟,共飞行了647千米。之前4次试射的导弹均使用俄罗斯土星设计局的36MT发动机,而这次试射的导弹采用印度国产曼尼克发动机。

轨道ATK公司采用增材制造技术制造战术固体火箭发动机 11月1日,轨道ATK公司宣布已成功完成了一款战术固体火箭发动机的系列点火测试,该发动机的关键金属部件采用增材制造技术(3D打印技术)制造而成。此次进行的系列测试系对3D打印战术级火箭发动机喷管进行了首次集成验证,成功验证了助推发动机和组件在 $-32 \sim 62$ ℃ 环境温度下的性能。

美国导弹防御局授予美国波音公司机载激光武器技术研发合同 12月8日,美国国防部导弹防御局(MDA)授予波音公司一份合同,开展"低功率激光演示器"(Low Power Laser Demonstrator,LPLD)阶段1工作。按照合同,波音公司将解决激光器的功率和孔径尺寸问题,并将1台低功率激光演示器集成到无人机上。此外,获得第1阶段合同的洛克希德·马丁通用原子和波音公司也选择一型机载平台,并完成激光器和光束控制系统的初步设计。

洛克希德·马丁公司获得"灰狼"导弹科学技术验证合同 12月18

日，美国国防部表示，已授予洛克希德·马丁公司1.1亿美元"灰狼"导弹的科学技术验证合同，包括该巡航导弹低成本样机的设计、开发、制造和测试，以推进网络化协同作战技术，攻破敌方一体化防空系统，预计工作将在2022年12月17日前完成。

AGM–158C"远程反舰导弹"首次打击海上多个动目标 12月8日，美国海军航空系统司令部（NAVAIR）完成B–1B轰炸机投射2枚AGM–158C"远程反舰导弹"打击2个海上运动目标的试验，这是该项目首次完成海上多目标打击试射。试验中投射的2枚"远程反舰导弹"均为生产型，且实现了包括撞击目标在内的各项主要目标。通过应用先进技术，该导弹可在舰艇群中探测并摧毁特定目标，并降低了对情报监视侦察平台、网络链路和GPS导弹的依赖。